Montréal

MW01709560

© 1992 by les Éditions Autrement, 4, rue d'Enghien, 75010 Paris.
Tél. : 47.70.12.50. Fax : 47.70.97.52. ISBN : 2-86260-366-X. ISSN : 0336-5816
Dépôt légal : 2e trimestre 1992. Imprimé en France.

Montréal

L'oasis du Nord

Dirigé par Robert Boivin et Robert Comeau

Éditions Autrement - Série Monde H.S. n° 62

Sommaire

Éditorial : Montréal, l'oasis du Nord

Robert Boivin et Robert Comeau

Les villes semblent partout en crise : elles font peur, elles puent, elles étouffent les contribuables. On se plaint de n'y rencontrer que des pauvres et des étrangers. Dans ce concert de morosité universelle, il paraîtra surprenant d'exprimer un coup de cœur pour une ville qui est loin d'avoir la beauté foudroyante de Paris, Prague, Rome ou Venise et dont l'évocation n'est pas accompagnée de l'aura exotique des capitales orientales.

Pourtant Montréal, qui n'est pas sans problème, suscite des passions et des partis pris étonnants. Cette ville possède décidément une âme, un cachet, un charme particulier qui font qu'on l'aime et qu'on tient à y vivre. Les visiteurs qui prennent le temps de la découvrir en parlent toujours avec chaleur. Comment cette magie opère-t-elle ?

Sa population décontractée, non figée par le culte des hiérarchies, sa qualité de vie, son confort, ses quartiers contrastés qui ne sont jamais des ghettos, tous ces éléments confèrent à Montréal une dimension humaine bien qu'elle soit la ville la plus populeuse du Québec.

Mais il y a plus encore. Montréal semble un lieu à part. Tiraillée par ses attaches européennes et ses goûts nord-américains, elle se démarque des autres villes d'Amérique. Au Québec et au Canada, elle joue un rôle particulier. Si Vancouver possède l'avantage de la géographie et Toronto celui de l'économie, c'est à Montréal, en revanche, que le courant passe le plus et que les idées prennent le plus d'envol. Tellement d'ailleurs qu'on a parfois l'impression, certes outrancière, que, hors de l'enceinte de cette cité-État, c'est tout simplement le désert.

Son statut insulaire a facilité une convivialité culturelle exceptionnelle bien distincte du *melting pot* américain. Ses rues témoignent de la coexistence de différentes influences qui ont engendré une ville cosmopolite presque bizarre. Montréal n'offre pas le spectacle d'un ensemble planifié ni, surtout, organisé avec goût. Elle ressemble plutôt à un bric-à-brac architectural renvoyant une impression de désordonné et d'esprit brouillon qui, étrangement, la rendent attachante. Précisément, Montréal ne se définit pas par la splendeur de ses monuments ou par un style particulier, mais plutôt par ses ambivalences, ses contrastes. D'aucuns diraient son ambiguïté.

Son rapport à l'espace est tout à fait exceptionnel : on ne s'y sent jamais à l'étroit, ni perdu. Les zones denses du centre-ville paraissent aérées du fait de la proximité de la montagne et du fleuve. Ses grandes avenues n'ont rien de démesuré.

Certaines nuits, Montréal s'anime jusqu'aux petites heures, sans présenter cet air de jungle ou de village postnucléaire de plusieurs grandes villes américaines. En été, Montréal se transforme en station balnéaire tropicale. Moins par la chaleur qui est plutôt agréable que par l'état d'esprit qui y règne. N'est-il pas fréquent de rencontrer dans les lieux publics des gens se promener allègrement le torse nu, la bedaine en saillie et les pantoufles aux pieds ? Dans les quartiers populaires, on prend plaisir à s'entasser sur les balcons pour profiter du beau temps, jaser avec ses voisins, jouer aux cartes ou regarder la télévision, ou tout simplement observer les passants et la vie qui s'agite aux alentours. Partout les terrasses des cafés et des restaurants bourgeonnent d'une flore joliment accoutrée. Les nombreux cyclistes insufflent un vent d'humanité au béton et à l'asphalte. Les piétons profitent des nombreux festivals leur réservant les rues pour imposer un autre rythme au centre-ville. L'hiver, Montréal refuse de s'endormir. Ses îles, sa montagne, ses parcs et certaines rues permettent une panoplie incroyable de sports et de jeux. Les frileux ont le loisir de se réfugier dans une véritable cité souterraine où l'animation commerciale mérite le détour. Enfin, zone de tolérance à l'égard de ses minorités de toutes sortes, Montréal fait figure, à bien des égards, d'oasis du Nord.

Une île entre deux rives

Montréal désigne à la fois une ville, une île et une région. Cette ville de près d'un million d'habitants est de loin la plus importante du Québec et la seconde du Canada après Toronto. L'île se compose de 29 municipalités regroupées au sein de la Communauté urbaine de Montréal. La région métropolitaine compte un peu plus de 3 millions d'habitants, soit près de la moitié de la population du Québec.

Depuis une trentaine d'années, sur chaque rive, au nord comme au sud, ont surgi des banlieues populeuses tapissées de vastes centres commerciaux et d'autoroutes. Cette hémorragie de Montréal au profit de banlieues cossues lui pose des problèmes non encore résolus. Notamment, la rive Nord et la rive Sud lui livrent une rude concurrence et jouissent d'une écoute attentive auprès des gouvernements provincial et fédéral.

C'est l'exode des familles francophones de la classe moyenne qui a provoqué l'étalement urbain. La banlieue est attrayante : elle offre de meilleures conditions pour y élever une famille. Dans les derniers quarante ans, Montréal a également perdu, pour des raisons à la fois politiques et économiques, un autre segment de sa population : une partie importante de son élite économique anglophone. Or, cette perte n'est pas encore pleinement compensée par son équivalent francophone, en essor depuis la révolution tranquille.

Comme beaucoup de villes de l'Est nord-américain, Montréal doit restructurer son économie afin de pallier les effets du déclin de ses industries traditionnelles, notamment le textile, et de ses activités portuaires et ferroviaires. Depuis quelques années, une réorientation vers des secteurs de pointe, tels la haute technologie, l'aviation, l'informatique, se met en place. Elle s'accompagne d'efforts pour donner à Montréal une vocation internationale.

Mais à tous ces problèmes s'en ajoutent d'autres. Après dix ans de crise constitutionnelle, les atermoiements à préciser le statut du

Québec ne favorisent pas la reprise économique de Montréal durement touchée par la récession en cours. Sans compter que la région est affligée d'un trop grand nombre de gouvernements locaux. Ce qui rend, pour dire les choses gentiment, la concertation pénible à réaliser ; de sorte que Montréal parvient difficilement à recevoir l'attention qu'elle mérite des paliers supérieurs de gouvernement. Le prochain siècle verra peut-être l'apparition d'un gouvernement régional reliant l'île et ses banlieues. Une telle forme de gouvernement serait mieux adaptée aux besoins et à la dynamique réelle de l'économie montréalaise.

Certains jours on se demande si Montréal parviendra à se sortir de ces problèmes. Si elle ne réussit pas, elle pourrait, dans dix ou vingt ans, devenir une ville nord-américaine comme les autres, c'est-à-dire un monstre pollué où se concentre un taux élevé de pauvreté, de violence et de criminalité. Jusqu'à maintenant, elle a su échapper à cet écueil. Montréal n'est pas New York, ni Detroit, et cela s'explique par la vigueur de ces mouvements de réappropriation, ces forces vives qui, à divers niveaux, s'attachent à en élever la qualité de vie. Si l'on est tenté de désigner Montréal comme une oasis, ce n'est pas parce qu'elle est à l'abri des problèmes, mais plutôt parce que la résistance à la tempête s'y organise et s'active.

Les nœuds de la langue

D'être un îlot francophone dans l'océan anglophone de l'Amérique du Nord constitue sans contredit la caractéristique la plus connue de Montréal. Celle-ci ne se vante-t-elle pas, depuis longtemps, d'être la deuxième ville française au monde, immédiatement après Paris ? La réalité est, certes, un peu plus complexe, mais une chose est vraie, la configuration linguistique montréalaise comporte quelque chose d'unique.

L'île de Montréal comprend 60 % de francophones, 21 % d'anglophones et 19 % d'allophones ; elle regroupe près de 75 % des allophones du Québec et pas loin de 55 % des anglophones. Dans la ville de Montréal proprement dite, les francophones sont nettement majoritaires (69 %) tandis que les allophones (18,5 %)

sont maintenant plus nombreux que les anglophones (12,5 %), ces derniers se concentrant surtout dans l'ouest de l'île[1].

Il s'agit de tout un changement ! Au XIXe siècle, Montréal était une ville résolument britannique. Pendant une trentaine d'années, les anglophones ont même formé la majorité de la population montréalaise. Avec l'exode rurale des francophones, la ville se transforma. Cependant, les francophones attendirent le tournant des années 60 pour prendre conscience de leur statut majoritaire. Ils firent alors adopter par le parlement provincial des lois linguistiques cherchant à faire du français la principale langue de travail et de communication. Depuis une vingtaine d'années, la composition des vagues d'immigrants s'est modifiée. Auparavant principalement d'origine britannique, celle-ci est dorénavant allophone, c'est-à-dire ni francophone ni anglo. Cependant, en dépit des lois sur la langue, la moitié des allophones adoptent spontanément l'anglais comme langue d'usage. Aussi les francophones réagissent-ils en mettant en œuvre des campagnes de séduction à l'égard des allophones qui ont l'effet de donner à ces derniers l'impression d'être placés entre le marteau et l'enclume, c'est-à-dire d'être tiraillés entre les deux groupes arrivés avant eux. Par ailleurs, les anglos réagissent mal aux lois voulant assurer la suprématie de la langue française au Québec. Beaucoup, et leur nombre est significatif, ont changé de province. Ceux qui sont restés font preuve d'un militantisme incroyable, refusant de devenir une minorité dépourvue d'influence.

Cette promiscuité linguistique génère des conflits, voire une obsession linguistique, qui demeurent néanmoins dans les limites de la civilité. On serait même en droit de prétendre que Montréal détient une expertise certaine en matière de gestion linguistique, un savoir-faire exportable en Europe où la propension spontanée de faire de l'anglais l'espéranto du Marché commun commence déjà à heurter des sensibilités nationales.

En dépit de ces zones grises préoccupantes, cette promiscuité linguistique fournit aux individus des occasions de rencontres et de situations extraordinaires. Existe-t-il beaucoup de villes où il est possible de prendre son petit café du matin en lisant, en plus des quotidiens locaux en deux langues, le *Libé* du jour, *Le Monde*, le *New*

---

1. Ces chiffres sont tirés de l'étude : *Montréal : charnière de deux Canada*, 1991, de Michel Paillé, démographe au Conseil de la langue française.

York Times et, bientôt, avec le libre-échange continental Canada/États-Unis/Mexique, *La Jornada* ? Montréal est un point de rencontres de continents. Il y a indéniablement une certaine magie à vivre dans un contexte interculturel où les apports mutuels des diverses communautés enrichissent la vie quotidienne. Cela donne la sensation d'être branché sur le réseau mondial et d'avoir une liberté totale de manœuvre. À cet égard, l'oasis du Nord constitue probablement un laboratoire du monde de demain. Il s'agit sans contredit de l'un de ses attraits les plus profonds.

En cette année 1992, Montréal fête son 350e anniversaire. Bonjour Montréal !

Robert Boivin et Robert Comeau

1. *Émotions sur la ville*

Sauve qui peut ma ville

Jean Barbe

Chômage, pauvreté, impuissance politique, mirage du gigantisme et réalité du déclin, « la situation est grave », nous dit Jean Barbe. Restent les Montréalais : « Dans le tas de fumier de leur ville, ils poussent comme des fleurs. »

Au ras du trottoir et de l'asphalte crevassé par les rigueurs de l'hiver, au rythme des pas et au balancement des hanches, à hauteur des hommes et des femmes qui l'habitent et la créent, au regard du piéton qui l'arpente, Montréal est une métropole de rien du tout, une ville qui ne flamboie pas. Elle n'offre rien de saisissant, sinon peut-être le spectacle de sa propre ambivalence. Grosse ville d'une petite province, pas même capitale de ce qui deviendra peut-être un jour un pays, Montréal a perdu depuis belle lurette son statut de métropole du Canada au profit d'une Toronto de plus en plus américanisée. Reste quoi ? La plus grosse ville de langue française de ce côté-ci de l'Atlantique ? *Big deal*. Une goutte de francophonie dans la mer américaine. Un ancien crachat de France qui a développé, avec le temps, sa propre culture bactérienne.

C'est déjà une histoire ancienne. Dès la seconde moitié du siècle précédent, et surtout au cours de la première moitié du nôtre, le Québec rural s'est vidé au profit de Montréal. Les cultivateurs affamés pendant la Grande Crise ont quitté leur ferme pour aller tenter leur chance dans la plus grande ville industrielle du pays.

Le mouvement n'a jamais vraiment cessé, et plus la ville grossissait, plus fort devenait son pouvoir d'attraction. Aujourd'hui, la moitié de la population du Québec gravite autour de Montréal. Ils viennent de la Gaspésie, qui ne réussit plus à vivre des produits de la pêche. Ils viennent de la Côte-Nord, dont les grandes papetières ne rouleront plus jamais à pleine capacité. Ils viennent de partout à travers le monde, aussi, puisque les immigrés arrivant au Québec débarquent avant tout en Amérique, à la recherche de la démesure, d'un emploi, du rêve américain d'une société de loisir qui n'a plus cours. Abreuvé à toutes ces sources, le flot continu des nombreux arrivants inonde la ville. Et la noie.

Montréal représente l'espoir de la richesse ? Mais une bonne partie de ses habitants vit sous le seuil de la pauvreté, le taux de chômage n'a jamais été aussi élevé et les sans-abri se disputent âprement la dernière grille de métro d'où s'échappent au plus noir de l'hiver quelques giclées d'air chaud. Visitez le centre-sud de la ville. Les vitrines des commerces affichent « À louer » et ne trouvent pas preneur. Des quantités d'immeubles aux portes et fenêtres placardées de bois offrent à peine un abri temporaire aux clochards qui pullulent. Ils sont à vendre depuis des mois, parfois des années. Pas d'entrepreneur en vue. L'immobilier stagne...

Montréal est un pays dans le pays, mais n'a pas les moyens d'être ce qu'elle est. Un maire est un administrateur, pas un visionnaire qui peut se donner les politiques de sa vision. Car le sort de Montréal est souvent décidé à Québec, là où siègent des parlementaires qui viennent de partout à travers la province pour promouvoir leur propre comté - et surtout pas pour défendre Montréal, la gueuse. Ainsi la majorité des députés québécois n'y viennent à peu près jamais ou la visitent en passant et y récoltent quelques clichés de touristes qui contribuent à alimenter leur paranoïa. Pourquoi n'y a-t-il pas d'opéras en région ? Et de grandes expositions ? Et de gros concerts rock ? Et les voilà qui réclament haut et fort, au nom du développement économique régional, la décentralisation... Ce mot. C'est l'horreur. Montréal leur fait de l'ombre et ils voudraient la laisser dans sa misère noire.

Comment, sans volonté politique, réussir à intégrer les immigrants qui souvent ne parlent pas français et se regroupent dans des quartiers en passe de devenir des ghettos ? Comment lutter contre la pauvreté de milliers de Montréalais alors que quelques centaines de Gaspésiens ont, au Parlement, autant sinon plus de poids politique ? Comment combattre le crime que la pauvreté engendre, et le trafic de drogue qui est sa conséquence directe ? Montréal est la plaque tournante du marché des stupéfiants au Canada et, tandis que quelques trafiquants s'engraissent sous le couvert de sociétés respectables, les petits revendeurs s'injectent leur profit dans les veines et prostituent leurs petites amies pour récupérer leur capital. Des seringues usées traînent sur les trottoirs de certains quartiers, que des enfants ramassent en pensant à jouer. C'est la réalité montréalaise dont Montréal n'est pas seule responsable. Mais avec laquelle elle doit, semble-t-il, se débrouiller elle-même.

La cour des miracles

Ceci explique cela. La ville est bâtarde. Montréal n'est pas belle. Elle n'a pas à l'être. Elle s'est faite sur le tas, comme elle a pu, sans qu'un roi, jamais, ne veuille en faire son palais. Elle est laide, comme un enfant trop longtemps abusé. Ses façades jamais ravalées ont la lèpre du tiers-monde. Au ras du sol on y voit des rues avec des maisons de chaque côté, quelques places d'affaires, des centres commerciaux, des tas de centres commerciaux, et d'autres rues habitées par d'autres personnes qui ne ressemblent pas nécessairement aux premières - car Montréal est une succession de villages. Pas une ville que l'afflux de population a forcé à s'élargir en quartiers successifs. Mais un agglomérat de villages qui s'étaient établis à proximité de Ville-Marie et qui ont été reliés entre eux en se développant chacun de son côté. Et puis, Montréal, la municipalité, n'est rien sans Verdun et Outremont, et Montréal-Nord, et toutes ces villes voisines qui partagent avec elle l'île et conjuguent leur poids pour qu'elle ne parte pas à la dérive.

Au nord du Vieux-Montréal, le quartier des affaires et de la justice, le centre-ville se résume à quelques dizaines de gratte-ciel qui abritent des espaces à bureaux. On y trouve aussi les grands magasins, des bars de danseuses nues. Mais, une fois la journée de travail écoulée, une fois la cravate dénouée et le scotch avalé en regardant les corps nus onduler sous un éclairage trompeur, les Montréalais désertent le centre et rentrent chez eux, ailleurs. En périphérie. Massivement, ils prennent leur voiture, et justifient le lieu de leur résidence en disant que le centre pue. Et il pue.

Le système de transport en commun de la communauté urbaine doit desservir un trop large territoire. Il ne fait pas ses frais, augmente ses tarifs, perd ainsi des usagers, qui rêvent d'une maison en banlieue et d'une voiture pour se rendre au travail. Le cercle n'arrête pas d'être vicieux et une ville qui n'a pas de vrai centre n'est pas une véritable ville, c'est une illusion de grandeur. Alors on entretient l'illusion. Peu importe que Montréal manque d'arbres et de squares, on préfère le béton gigantesque, le stade olympique de 1976, qui a coûté trois milliards de dollars, qu'on n'a pas encore fini de payer et qui perd déjà ses morceaux.

Mais les Montréalais ? Montréal est une île qui ignore son fleuve et dont les habitants ne peuvent longer les berges pour reprendre des forces. Jusqu'au milieu du XIXe siècle, le port faisait partie de la ville, était facile d'accès. Puis, pour faciliter la circulation maritime et moderniser les installations portuaires, on construisit de nouvelles jetées et on remblaya la berge en l'éloignant de la rue de la Commune, qui la longeait en la surplombant. Au début du XXe siècle, on remblaya encore, et le port devint inaccessible. Aujourd'hui, le trafic maritime est à la baisse, on veut donner au vieux port une vocation récréative. Mais les Montréalais le boudent car rien n'est moins agréable à l'œil que ces lointaines plages de ciment désertiques battues par les vents et ces piliers de béton qui plongent en clapotant dans un liquide glauque et brunâtre.

Il faudrait, pour redonner une dimension humaine au port, une vision claire et des efforts concertés. Mais il n'appartient pas à la ville de Montréal de piloter le dossier. Le gouvernement fédéral s'en mêle et s'emmêle, puisque les installations portuaires relèvent de sa juridiction. Le gouvernement provincial, lui, finance les municipalités, et a également son mot à dire sur le sujet. Conflits d'intérêts, donc, et strabisme divergent de leurs vues sur la question. Le dossier n'avance pas, les pires atrocités sont évoquées : construire des hôtels sur la jetée, avec des boutiques pour les touristes, etc. Pendant ce temps, à l'intérieur des terres, la ville de Montréal, à coups de millions de dollars, transforme son vélodrome en biodôme. Là, parmi d'autres attractions, des spectateurs ébahis défileront bientôt devant un gigantesque aquarium à l'intérieur duquel seront reproduites la faune et la flore du... fleuve Saint-Laurent qui croupit un peu plus loin.

Bonjour la visite !

On s'étonnera alors que l'industrie touristique connaisse d'importants problèmes. À force de se vouloir plus grosse que le bœuf, Montréal a oublié que c'était la qualité de vie qui attirait ici les visiteurs. On a beau construire des hôtels et encore des hôtels, pour quoi faire ? Ils ne sont jamais remplis et les Américains de passage, à la recherche d'un morceau de France de ce côté-ci de l'Atlantique, préfèrent de loin la ville de Québec, classée patrimoine mondial par l'UNESCO, et dont la vieille ville est encore un centre urbain habité et toujours fréquenté par ses citoyens. Et puis, à Québec, on parle français (exotique, pour les Américains), ce qui n'est pas toujours le cas à Montréal, dont toute l'histoire est marquée au coin de la dualité linguistique.

Voilà la seule ville de la province en effet qui doit composer avec une très forte minorité d'anglophones dont certains vivent depuis des générations dans un monde parallèle qui jamais ne rejoint celui des francophones. À l'ouest de l'île, des quartiers entiers sont des morceaux du Canada anglais au cœur du Québec. Longtemps les Montréalais, les uns et les autres, ne se sont pas vraiment sentis chez eux dans leur propre ville. De cette dualité, la ville porte encore les stigmates, et l'odieux de la loi de la langue d'affichage, qui calcule en centimètres carrés l'espace alloué au français, est propre à Montréal car, à de rares exceptions près, tous les anglophones du Québec y ont élu résidence. Les immigrants, à qui on offre le choix, souvent préféreront l'anglais, qui est la langue de l'Amérique et celle des affaires partout à travers le monde.

La bêtise de l'Église aura longtemps contribué à élargir le fossé. Les enfants des immigrés en âge de commencer leurs études devaient, à Montréal, choisir entre l'école catholique et francophone, ou l'école protestante et anglophone. Les catholiques étaient farouchement attachés aux principes religieux. Les immigrés d'autres obédiences choisissaient l'école protestante, beaucoup plus permissive sur les pratiques du culte. Ainsi, pendant des années, on a chassé les immigrés de l'espace francophone pour des raisons religieuses. Il aura fallu attendre la loi 101, votée à Québec voilà moins de quinze ans, pour que cesse l'absurdité. Tant que le Québec sera une province, Montréal ne sera jamais qu'une ville de province, travaillée par des forces qui la dépassent.

Jazz

Montréal, comme dans *L'Hiver de force*, de Réjean Ducharme, quand tout le monde est condamné à rester chez soi, regardant la télé pendant que dehors la tempête s'amuse à se déchaîner... La ville s'éveille le temps d'un bref été tapissé mur à mur de festivals et de spectacles en plein air. Montréal, jazz des nuits d'été caniculaires. La ville alors s'enfle et se gonfle. Grenouille, oui, qui veut se faire plus grosse que le bœuf. La moindre parcelle de sang latin est étalée en étendards claquant au vent chaud, le moindre rythme est alors emprunté partout - mais il n'y a rien qui vient d'ici, pas de rythme, ça n'existe pas vraiment, le rythme du Québec, et Montréal est depuis toujours une ville sans tambour ni trompette.

Une saison chasse l'autre, et les Montréalais qui se dénudent à l'été pour offrir leur peau au soleil s'emmitoufleront bientôt et disparaîtront sous les couches superposées des vêtements d'hiver. La ville, travaillée par la neige et le gel, vieillira de dix ans en quelques mois. Les travaux publics seront interrompus. Les activités de masse deviendront impossibles. Oh ! on sortira encore, mais on marchera bien vite sur des trottoirs glissants, on traversera les rues pleines de gadoue. Ici, on dit la *slush*, comme si le mot anglais était plus sale encore. Quatre mois de froid pendant lesquels, en apparence, la ville sommeille. Mais à l'intérieur, dans les bars et les théâtres, dans les salles de cinéma et les restaurants, le vrai Montréal découvre son visage. Celui d'une ville assiégée, dont les habitants, parce qu'ils sentent le danger, ont développé le goût de vivre et l'instinct de survie.

Montréal n'est pas une belle ville, n'a pas à l'être. Mais les Montréalais, si. Ils ont la beauté du précaire. Funambules en marche sur un fil de fer qui les protège du gouffre, ils sourient toujours alors qu'ils pourraient être moroses. Pas à pas ils avancent, l'esprit léger malgré la gravité de la situation, qui pourrait à tout moment les faire basculer dans le vide des politiques confuses et de l'économie d'urgence. Dans le tas de fumier de leur ville, ils poussent comme des fleurs.

Jean Barbe

Monsieur le Maire fait du vélo

Jean Doré

Jean Doré est maire de Montréal et cycliste convaincu. Il nous emmène à la découverte de sa ville... à bicyclette !

D'entrée de jeu, je dirai qu'il n'y a pas de meilleure façon de s'approprier une ville qu'à bicyclette. À la fois moyen de transport et source de plaisir, elle permet de mettre tous ses sens à contribution pour mieux entendre, voir, sentir son environnement. Il m'a fallu attendre que mes parents déménagent en banlieue pour en avoir une. J'avais alors onze ans. Paradoxalement, c'est à partir de ce moment que j'ai découvert la ville, Montréal, la bicyclette me donnant toute la latitude de faire de longues expéditions. Je fais partie de cette génération qui n'a pas abandonné sa bicyclette en quittant les études. Jeune avocat, je me déplaçais encore sur deux roues. Et même quand j'ai été élu maire de Montréal, pour la première fois en 1986, un journaliste faisait remarquer que j'allais être forcé de troquer ma bicyclette contre une limousine. Ce qui ne s'est pas révélé totalement vrai ! Évidemment, je ne peux pas aujourd'hui l'utiliser autant que je voudrais mais, dès que je le peux, je retrouve les plaisirs de ma jeunesse avec la liberté de me déplacer en famille à bicyclette.

Montréal possède des atouts indéniables pour la pratique de cette activité. Si on excepte le Mont-Royal et la côte qui s'élève au centre-ville, on y est en terrain plat. Et même si Montréal est une ville nordique, on peut y faire du vélo huit mois par année, et l'été, la température y est idéale ! Aujourd'hui, des milliers de Montréalais utilisent ce moyen de transport pour se rendre au travail. Par ailleurs, au cours des dernières années, le Tour de l'Île de Montréal est devenu la plus grande randonnée cycliste populaire au monde, comme en fait foi son inscription dans le *Livre Guinness des records*. Tous les ans, nous sommes 40 000, de tous les âges, à nous donner rendez-vous pour parcourir, en pleine ville, les 68 kilomètres du circuit. On peut imaginer ce que cela implique comme organisation, le nombre de bénévoles et de rues barrées en plein centre-ville que cela représente ! La vitalité du cyclisme amateur montréalais lui a même valu la reconnaissance internationale par la tenue en 1992 de la Conférence Vélo Mondiale, première rencontre des colloques américain et européen, Pro Bike et Velo City. Du côté professionnel, nous ne sommes pas en reste puisqu'à Montréal, tous les ans, se dispute le Grand Prix des Amériques, une étape de la Coupe du monde cycliste.

Au cours des dernières années, étant donné la demande, nous avons dû mettre les bouchées doubles pour aménager, selon le cas, des pistes ou des voies cyclables. On en compte déjà environ 250 kilomètres sur l'île de Montréal. Dans une dizaine d'années, nous espérons qu'un Montréalais ne se trouvera jamais à plus d'un kilomètre d'une voie cyclable. Mais, comme il est difficile d'élargir les rues, cela suppose un important travail de sensibilisation afin que cyclistes et automobilistes se partagent judicieusement la chaussée. Je dois connaître tous les trajets possibles mais il y en a quelques-uns que j'emprunte plus volontiers, ne serait-ce que pour des raisons purement pratiques. Par exemple, ma famille s'approvisionne couramment au marché Atwater. Je tiens à signaler tout de suite que j'habite au centre-ville. Ce n'est ni par nécessité ni par obligation. J'ai fait consciemment le choix de résider à l'ombre des gratte-ciel, à la fois pour des raisons de commodité et afin de participer plus intensément à la culture urbaine.

Non loin de chez moi, à partir de la rue Ontario, la voie cyclable de la rue Berri me mène jusqu'au fleuve, en longeant les façades de l'université de Québec, l'une des quatre universités montréalaises, sans compter les trois grandes écoles. Nous voilà en plein quartier latin. C'est un secteur où les bicyclettes ne se comptent plus. On en retrouve attachées au moindre parcomètre. Lorsqu'on voit se profiler le fleuve, on met le cap vers l'ouest sur la rue de la Commune. On se retrouve alors dans le Vieux-Montréal, le quartier historique le plus étendu en Amérique du Nord. Après maintes mutations, après des périodes successives de splendeur et de décadence, le Vieux-Montréal reprend de la vigueur. Les terrains de stationnement à ciel ouvert donnent naissance à des parcs ou à de nouveaux édifices.

La rue de la Commune, par exemple, vient de subir une cure de rajeunissement, dans le cadre d'un vaste réaménagement du Vieux-Port. Pavée de neuf de blocs de granit, matériau classique de ce quartier, paysagée, elle a été redessinée pour permettre aux piétons, aux cyclistes, aux automobilistes aussi bien qu'aux adeptes de la calèche de s'y déplacer sans se nuire. Nous voulions rendre à la population et aux visiteurs cette rue qui s'incurve pour ouvrir très largement une fenêtre sur le fleuve. Après avoir, trop longtemps, tourné le dos à ce fleuve auquel elle doit d'exister, pour se consacrer à l'édification de son centre-ville au pied du Mont-Royal, Montréal, construite sur l'île du même nom, redécouvrait récemment la valeur de son site exceptionnel.

Sur la rue de la Commune, un coup d'œil à la chapelle Notre-Dame-de-Bonsecours où les marins venaient, au cours du XVIIIe siècle, remercier le ciel pour avoir fait une bonne traversée. Tout près, l'édifice du marché Bonsecours, siège du Parlement canadien au milieu du XIXe siècle, qui vient tout juste de retrouver sa vocation publique comme centre d'expositions. Non loin s'ouvre la place Jacques-Cartier. Sa face nord est bordée par le vieux palais de justice et l'hôtel de ville. Les curieux aimeront peut-être savoir que l'architecture de ce haut lieu de la démocratie montréalaise est fortement inspirée de celle de l'hôtel de ville de Rennes, en Bretagne. Deux statues se font face : l'amiral Nelson et l'officier de marine français Vauquelin. Je me plais à croire qu'ils ont depuis longtemps laissé de côté les querelles de l'histoire pour établir un dialogue silencieux peut-être, mais combien fécond, sur les brillantes destinées de notre métropole.

Au début du siècle, les maraîchers de toute la région venaient vendre leurs produits sur la place Jacques-Cartier. Pour témoigner de l'intense activité qui s'y déroulait les jours de marché public, il ne reste aujourd'hui qu'un petit kiosque à fleurs, clin d'œil aux anciens propriétaires de ce quadrilatère. En fait, quand, en 1803, les écuyers-négociants Joseph Périnault et Jean-Baptiste Durocher cèdent le terrain aux autorités civiles, ils créent l'obligation de maintenir, sur les lieux, un marché. C'est pourquoi, aujourd'hui, on vend des fleurs sur la place Jacques-Cartier. Il vaut la peine de remonter vers la place Vauquelin, pour jeter un coup d'œil sur le Champ-de-Mars qui s'étend derrière l'hôtel de ville. On y découvrira les vestiges des premières fortifications de Montréal ainsi qu'un des plus beaux panoramas sur le centre-ville.

De retour rue de la Commune, on longe le plus bel ensemble immobilier du XIXe siècle en Amérique du Nord, témoin de l'activité commerciale intense qui se déroulait à cet endroit. C'est, en fait, ici que s'est développé le port de Montréal, encore aujourd'hui le second en importance de la côte Est d'Amérique du Nord. Et même si les principales installations portuaires ont été, de nos jours, transférées plus à l'est, les grands silos sont restés, attendant peut-être quelque renaissance. À la Pointe-à-Callière, un arrêt s'impose. C'est ici même que débarquaient les premiers arrivants en provenance d'Europe. Rien d'étonnant à ce qu'on y ait érigé le musée d'Archéologie et d'Histoire de Montréal, un équipement unique en Amérique du Nord. Grâce aux techniques d'animation les plus modernes, on peut y suivre l'évolution d'un site occupé d'abord par les Amérindiens avant de servir de tête de pont à la grande aventure du sieur Paul de Chomedey de Maisonneuve qui fondait, en 1642, cette métropole, aujourd'hui cosmopolite.

Entre le fleuve et la rue de la Commune, du côté sud, s'étend l'esplanade du Vieux-Port qui se transforme, en été, en lieu de rendez-vous pour les Montréalais. On y pique-nique, on flâne. Le Cirque du soleil y monte son chapiteau. Le soir, il n'y a pas de meilleur endroit pour assister aux feux d'artifice allumés sur l'île Sainte-Hélène. On peut y voir l'assortiment le plus varié de bicyclettes et de cyclistes. Les uns bien accrochés à leur transistor, à l'écoute de la bande sonore des jeux pyrotechniques, les autres transportant des victuailles de toutes sortes. Un véritable lieu de festivité montréalais. À ceux et celles qui se demanderaient s'il y a des bateaux dans ce port, la réponse est oui ! Il y a de grands bateaux en provenance du monde entier qui tiennent à nous rappeler que nous sommes dans un port. Récemment, le fleuve même a retrouvé la rue de la Commune sur une partie de son parcours. Dorénavant, grâce à un bassin creusé dans le Vieux-Port, on peut même renouer avec une très vieille tradition : le patinage sur le fleuve.

En poursuivant la route, on atteint les bords du canal de Lachine, le long duquel on a dessiné un parc linéaire de 11 kilomètres, avec piste cyclable et chemin pédestre, près des écluses restaurées, et qui ne demandent qu'à reprendre vie avec la navigation de plaisance. Avec le canal de Lachine, on pénètre au cœur du vieux Montréal industriel, berceau de la révolution industrielle canadienne. Voie d'eau et de verdure, une balade sur sa rive permet de se replonger dans un passé pas si lointain, où les usines marchaient rondement, avec en prime des vues spectaculaires sur le centre-ville moderne de notre ville.

À 3 kilomètres du départ, un pont enjambant le canal vous amène dans l'un des marchés publics les plus animés de Montréal, le marché Atwater. Moins multiethnique que le marché Jean-Talon, au nord de la ville, ses étalages pourtant s'enrichissent au fil des ans de nouveaux produits qui témoignent que Montréal ne compte pas moins de quatre-vingts communautés culturelles. À côté des bleuets du lac Saint-Jean, des fromages au lait cru et du pain frais, des épis de maïs et de la célèbre citrouille de l'Halloween, apparaissent la goyave et les caris. Les marchés sont, de plus en plus, des bouillons de culture. On y apprend beaucoup, ne serait-ce qu'au chapitre de la gastronomie. Multiplicité des plaisirs qu'offre la cuisine, plaisir des sens, plaisir hautement civilisé, plaisir qui n'a de limites que l'imagination. Activité aux antipodes de la politique car on peut, à loisir, y improviser...

La politique municipale, évidemment, offre des joies d'une autre nature, celles de bâtir, d'aménager, de repenser la ville, de donner forme, en quelque sorte, aux rêves des populations locales. On peut, par exemple, insuffler une nouvelle vie à certains quartiers. En reprenant la piste cyclable qui suit le canal de Lachine, on se trouve dans le berceau de l'industrialisation au Canada. Délaissé au profit de zones urbaines répondant aux exigences de la modernité, le quartier était progressivement tombé en léthargie, maintenant son souffle derrière des murs d'usines aux vitres brisées, ouvrant timidement un œil, ces dernières années, pour voir d'anciens édifices, depuis longtemps vacants, donner naissance à de nouvelles entreprises ou à des lofts. Il savait que, un jour ou l'autre, sa situation à proximité du centre-ville et la qualité de son environnement plaideraient en faveur de sa relance. Fallait-il encore faire des choix : poursuivre la transformation des espaces industriels en espaces résidentiels, solution adoptée par de nombreuses grandes villes, ou bien rendre ce secteur à sa vocation première ? Nous avons privilégié un aménagement qui, à la fois, respectait l'histoire et sauvegardait le patrimoine industriel, tout en permettant la création d'emplois pour les résidents. En choisissant de réparer le tissu urbain, de conjuguer l'avenir avec le passé, nous avons opté pour une forme de développement « viable ».

En reprenant le chemin du retour, pourquoi ne pas bifurquer vers les îles Notre-Dame et Sainte-Hélène ? On longe la Cité du Havre et le complexe immobilier Habitat 67, sorte de jeu de cubes construit à l'occasion de l'Exposition universelle de 1967 par le grand architecte Moshe Safdie, le même auquel on confiait, près de vingt-cinq ans plus tard, l'aménagement de la nouvelle aile du musée des Beaux-Arts de Montréal. Avant d'emprunter le pont de la Concorde, une halte s'impose au parc de la Pointe de la Cité du Havre, surtout pour faire plaisir aux enfants. De l'autre côté du pont, on voit se dresser sur l'île Sainte-Hélène l'« homme » de Calder, immense sculpture-symbole de l'Exposition de 1967. Jusqu'à tout récemment caché dans l'île, l'« homme » de Calder est maintenant visible de la rive montréalaise. Il peut enfin faire entendre son message : la ville n'existe pas sans ses habitants. Par conséquent, c'est pour eux qu'il faut la penser et l'aménager. On a trop souvent oublié cette vérité qui prend toute sa valeur au moment où s'impose à nous l'obligation de réviser les choix de développement qui ont été faits par nos sociétés depuis le début du siècle. L'homme a longtemps dominé la nature, sans penser aux conséquences de ses gestes. Aujourd'hui, la ville est conçue comme un écosystème qui doit vivre en harmonie et même en symbiose avec les autres écosystèmes de la planète. La survivance de l'espèce humaine nous force à réapprendre l'importance, le sens, la valeur et le goût des choses.

Les îles Sainte-Hélène et Notre-Dame avaient été le site de l'Exposition internationale de 1967. Vingt-cinq ans plus tard, conscients du caractère exceptionnel de cet emplacement et après consultation publique, nous avons voulu y aménager un immense parc urbain à deux pas du centre-ville. Nous avons choisi de démontrer qu'il était possible d'augmenter la qualité de vie au centre-ville d'une métropole tout en respectant l'environnement. Ainsi est né le parc des Îles. Cela a débuté par le parc-plage qui accueille maintenant, tous les étés, des dizaines de milliers de personnes. Une vraie plage de sable de 1 kilomètre, entourant un lac dont l'eau, qui provient directement du fleuve, est purifiée naturellement, grâce à une biotechnologie simple et moderne, en passant successivement dans 4 étangs-filtres tapissés de plantes aquatiques. Berges renaturalisées, chemins piétonniers, pistes cyclables et amphithéâtre naturel pouvant recevoir 75 000 personnes ; plantation de 35 000 arbustes et de 3 500 arbres, aménagement d'un débarcadère, liaison fluviale avec le Vieux-Port pour piétons et cyclistes ; voilà de quoi redonner le goût de fréquenter les lieux. Sans compter la création d'un Centre d'interprétation de l'eau et de l'environnement à l'intérieur de la célèbre Biosphère de Buckminster Fuller, qui bénéficie ainsi d'une nouvelle jeunesse après avoir abrité le pavillon des États-Unis en 1967. Quant à l'ancien pavillon français, il a définitivement acquis ses galons de palais de la Civilisation où pourront continuer à se tenir de grandes expositions internationales.

Comment quitter ce site sans jeter un coup d'œil sur Montréal ? L'image qu'on en a des îles est harmonieuse et même saisissante : le fleuve, le Vieux-Port, le Vieux-Montréal, le centre-ville, la montagne. Les gratte-ciel semblent s'épauler. Ils expriment, pour une bonne part, la foi de la population montréalaise en son avenir. Mais ils laissent encore au Mont-Royal le soin de veiller sur les destinées de Montréal. Dans le fleuve, on peut découvrir d'autres îles et, toujours à bicyclette, tout un monde qui a conservé un aspect plus « sauvage ». Alors, si on désire vraiment se dépayser, à partir du Vieux-Montréal, on peut embarquer sa bicyclette sur une navette qui vous transporte de l'autre côté du fleuve. Sur la rive sud, la piste cyclable longe des espaces naturels se mêlant aux terres en culture. Là vous attendent des espaces naturels où nichent les canards sauvages, un véritable paradis...

Montréal, ville moderne, ville d'histoire, ville où l'eau et la nature ne sont jamais très loin... c'est à bicyclette que l'on découvre le plus agréablement notre métropole. C'est à bicyclette que l'on peut le mieux respirer au rythme de cette ville qui a choisi d'évoluer en douceur.

Jean Doré

Requiem en sous-sol

Anne Dandurand

On a creusé des kilomètres de galeries, reliées au métro et donnant accès aux principaux centres publics et commerciaux. Cette véritable ville souterraine, en continuelle expansion, inspire à Anne Dandurand de singuliers vertiges...

Je suis devenue une meurtrière à la suite d'une illumination. Jusque-là, ma vie avait été terne, étriquée, inutile. Et puis, une nuit, cet appel, incompréhensible mais irrésistible... Expiation ? Apostolat ? Révélation ? Je m'étais soumise. J'avais retiré mon fonds de pension, vendu mes meubles, déchiré mon passeport, quitté mon emploi, ma maison, mes rares amies. J'avais aussi tué mon chat mais il était déjà très vieux. Enfin, j'avais distribué mes vêtements d'hiver aux sans-abri : je n'en aurais nul besoin, là où j'allais. D'aucunes se seraient autrefois enterrées au couvent. Mon cloître à moi est moins ennuyant que celui de Toronto, moins puant que celui de Paris, et moins dangereux que celui de New York. Je n'ai plus voulu remonter à l'air libre. Je ne voulais plus jamais avoir froid que dans l'âme. J'étais entrée dans mon triste monastère par son centre névralgique : la grise station de métro Berri-UQAM ; j'avais déposé en passant deux valises de linge propre à la consigne de la gare d'autobus juste au-dessus ; chacun son itinéraire : certains partaient pour la Floride ou Chibougamau, moi j'ai descendu l'escalier de fibrociment. Je n'avais dans mes poches qu'une carte de guichet automatique et un couteau Opinel, signes de mon nouvel ordre ; ou de notre époque.

Au début de mon noviciat, je dressai l'inventaire des 150 kilomètres et des 3 600 000 mètres carrés des galeries de mon souterrain, j'avais dénombré ses centaines de boutiques, ses cabinets de médecins et de dentistes, ses salons de coiffure, ses échoppes de cordonniers, ses banques, ses pharmacies, ses buanderies, ses restaurants, ses galeries, son musée, sa labyrinthique université, ses cinémas, ses théâtres, ses librairies, ses tours d'habitations et de bureaux, ses gares ferroviaires et ses hôtels auxquels je pouvais accéder sans rompre mon vœu ; mais au bout d'un mois, dans une chambre pêche du château Champlain au-dessus de la station Bonaventure, je fis un cauchemar effroyable : métamorphosée en morceau de fromage, je m'étais sentie déchiquetée à travers une gigantesque râpe. En m'éveillant, je compris le message qu'on m'avait envoyé : ce confort de palace était sacrilège, il fallait m'astreindre à plus rigoureuse ascèse.

J'avais obéi. Le lendemain, attifée d'une perruque platine, de lunettes noires et d'une minirobe éclatante, pendant une heure creuse à la station Georges-Vanier, je coinçai un balayeur assez vilain et l'embrassai voracement tout en lui subtilisant son trousseau de clés, avant de m'enfuir par le convoi qui repartait. Après cela, j'ai couché dans divers réduits, entre des seaux à roulettes et des vadrouilles malodorantes. En méditant sur cette saleté de vie.

Le mouvement des foules cadençait mes jours ; celle des petites heures du matin, en majeure partie composée d'immigrants au regard embué de rêves, talonnée par celle, volubile ou taciturne, des étudiants ; papillonnait ensuite l'essaim des vendeuses et des secrétaires aux mille parfums, puis le troupeau se clairsemait, vieillardes cassées, bourgeoises compassées, chômeurs aux bras ballants, jusqu'aux masses harassées de 17 heures ; les soirs de spectacle, je pouvais me fondre aux jeunes gens de bonne famille, place des Arts, me mêler aux joviaux balourds amateurs de base-ball, station Pie-IX sous cette ruine de stade, ou encore, station Atwater, me frotter aux punks chahutant vers quelque concert *heavy-metal* au Forum. Mais c'est le vide dans chacune des 65 stations, à certains moments précis, ce vide de nef qui m'attira. M'absorba. Chaque station, dans ses heures particulières, désertée : cathédrale, chapelle, sanctuaire... J'y prononçai mes vœux perpétuels, vers 21 heures, un mardi, station Radisson.

C'était entre deux départs de « bateaux », ainsi que les guichetiers surnomment les autobus de banlieue chargés de leur cargaison humaine. J'étais montée à l'étage des tourniquets ; le changeur dodelinait en rêvassant. Au bas des escaliers vers Sherbrooke Nord, j'avais contemplé le ciel d'automne endeuillé de nuages. À ma droite, une dame en imperméable avait bifurqué vers le couloir de sortie de la rue du Trianon. Soudain j'entendis les sons étouffés d'une lutte. Je piquai un sprint. En ouvrant et en verrouillant mon couteau, sans savoir pourquoi. Dans une encoignure aménagée pour une carte schématique du voisinage, la femme se débattait sous un type qui la muselait d'une main. Je n'ai pas réfléchi : j'ai croché mon bras gauche autour du cou du violeur, j'ai planté mon Opinel jusqu'à la garde. Sous son omoplate gauche. L'agresseur se cabra, lâchant sa proie. Je portai plusieurs coups rapides : je voulais atteindre le cœur.

Je retirai la lame en la tournant, pour aggraver les dommages. L'homme se débattait de plus en plus faiblement. Le sang commençait à moirer son veston noir. Épouvantée, la victime avait reculé. Je lui soufflai de décamper : elle a déguerpi en se rajustant. Appuyé contre moi, l'autre agonisait. Il n'était pas très grand ; ses cheveux en brosse étaient décolorés aux pointes. Mauvais genre... J'ai regardé avec beaucoup d'intérêt la mort ombrer ses yeux. Après, j'ai allongé soigneusement le cadavre sur le sol de tuiles bleues, je lui ai roulé mon cardigan souillé sous la tête et je lui ai placé le coudre droit sur le visage. Dans les journaux du surlendemain, la dame à l'imperméable fournissait un portrait-robot de sa protectrice, mais la description de sa bonne Samaritaine était aux antipodes de ce que je suis. Déjà, je n'avais plus de nom. J'étais à présent sans visage. Une moniale anonyme. Je me souviens, j'en éprouvai un soulagement divin...

J'eus à officier de nouveau quelques semaines plus tard, station Villa-Maria, un peu avant 16 heures, un lundi. Les métros venaient de se croiser : sept minutes allaient s'égrener dans le silence. Assise sur l'un des deux escaliers sur lesquels débouchent les débarcadères, je rendais grâce au calme avant l'éruption des ados cavalcadant des polyvalentes voisines. J'entendis trottiner sur le quai opposé au mien. Les pas décrurent puis s'interrompirent. La quiétude m'inondait. Encore cinq minutes de béatitude. Mon passé à l'air libre devenait si flou qu'il semblait appartenir à autrui. Peut-être que cette vocation avait été inscrite dans ma destinée bien avant ma naissance... peut-être que, de tout temps... Un cri perfora l'espace. On cherchait à pousser une obèse sur la voie. À la voir si mal se défendre, elle ne serait plus dans trois minutes et demie qu'une compote sanglante sous les roues du wagon de tête. Je courus comme un râle, agrafai le quidam par les cheveux et lui crevai les yeux avec précision, en enfonçant la pointe du couteau juste assez pour ne pas toucher au cerveau. Une seconde, le regard d'un déséquilibré, deux secondes, des orbites coulantes, à quatre secondes je tirais la matrone à l'écart, à onze secondes, je traversais les rails en évitant les lignes de haute tension, et cinquante-cinq secondes plus tard, installée à l'intérieur d'un wagon, je caressais la joue d'un bébé assoupi dans sa poussette, en m'extasiant pour sa mère sur la beauté de l'innocence.

Mon ordination me fut conférée à la station Beaudry, le premier dimanche de janvier, bien avant l'aube. (De novembre à mars, je ne pouvais pas me recueillir dans les sections du métro récemment construites, car les bouches d'aération amènent un courant d'air glacial jusqu'au fin fond des passages : je me tenais plutôt centre-ville.) Tassé contre le mur de céramique bicolore, sur l'un des bancs encastrés de plastique brun, un beau ténébreux dormait. Je me postai à ses côtés afin qu'on ne profitât pas de son sommeil pour le voler. Précaution inutile, sans doute, en ces lendemains de fêtes, où l'on avait mal aux cheveux, où l'on se terrait chez soi pour échapper au froid polaire. Implacable, l'hiver devait torturer le pays : une flaque de neige fondue s'étalait sous les santiags de l'homme, et leur cuir était recouvert de nombreuses croûtes de sel de calcium - répandu dans les rues dès la moindre bordée. Sa luxueuse veste de cuir n'était peut-être pas à lui : les manches lui tombaient sur les doigts. Emprunt ? Larcin ? Libéralité de dernière minute ?

Un curieux relent d'éther se dégageait de sa séduisante personne. Il se réveilla en sursaut. D'un coup d'œil il constata qu'il n'avait rien à craindre. Se confessa-t-il parce qu'il pressentait que j'avais l'éternité devant moi ? Toute sa misérable existence me fut donnée : son enfance tragiquement écourtée dans le quartier Pointe-Saint-Charles, ses bagarres, sa peine de prison pour coups et blessures, sa fillette qu'il n'avait plus le droit de visiter, sa séropositivité, la géhenne ensuite de la coke et du crack - il me montra ses avant-bras suppliciés où des chapelets d'hématomes s'alignaient -, la trentaine de passes qu'il s'enfilait quotidiennement, et son unique souhait : trouver l'overdose qui l'enverrait planer à jamais. Je lui proposai alors de l'achever d'un coup de poignard au cœur, mort plus expéditive et moins souffrante que la lente agonie à laquelle il se réduisait. Il sourit pour la première fois. Avant d'accepter. Il déboutonna sa chemise. Pour repéter exactement ma cible, je posai l'oreille sur sa poitrine, où pâlissait le tatouage d'une hirondelle. Je lui ai chantonné une berceuse ancienne jusqu'à ce que, toujours souriant, il s'éteigne.

Depuis, les occasions d'exercer mon lourd sacerdoce se sont multipliées. Presque chaque jour, maintenant... Cela n'a plus de fin. C'est à se demander si la vie, dehors...

Anne Dandurand

Ma rue se nomme Saint-Hubert

Stephen Schecter

Pour Stephen Schecter, sociologue urbain et promeneur infatigable, Montréal regorge de lieux surprenants. Il nous invite à l'accompagner dans ses randonnées d'observation.

« Vagues incessantes de joie », est-il écrit sur un mur de brique au bout de ma rue, là où ma rue commence à monter à sens unique vers le nord. Ma rue se nomme Saint-Hubert. Là où elle commence à monter à sens unique vers le nord se trouve l'avenue Mont-Royal. L'angle nord-est de Saint-Hubert et Mont-Royal, là où se trouve le mur de brique sur lequel est écrit, en lettres blanches pâlissantes, un appel à cette joie mystérieuse, ombre d'un graffiti qui déjà dégouline le long du mur et s'enfonce dans les briques, n'est rien de moins que le nombril de Montréal. Car Montréal est une ville, et une ville a un corps. Montréal, c'est aussi une île, mais l'île s'est rétrécie pour devenir une ville, ville qui a déjà dévoré des terres de villégiature immenses, là, à l'ouest de son nombril où, jadis, les fermes Décarie ont fourni des melons aux grands hôtels new-yorkais. Entre cet ouest et son nombril gît la montagne, le Mont-Royal qui domine la plaine et se profile sur un ciel limpide tout comme il a dû apparaître cette première fois à Jacques Cartier. Pourtant ce n'est pas le Mont-Royal qui frappe à Montréal. C'est la lumière. Dans ma rue, tout près du mur qui promet un bonheur chancelant, on la voit très bien, là, collée au nombril et la tête tournée vers le nord. Surtout au moment où le soleil décline et remplit le ciel de cette lumière unique à ma ville. Lumière sans filtre. Lumière assassine. Lumière d'Amérique, versant nord, au nord du 49e parallèle, comme peut-être il y en a en Chine, au Tibet, pays que cherchaient ceux qui ont découvert le mien : confusion de nombrils.

Lorsqu'on regarde vers le nord de l'angle Saint-Hubert et Mont-Royal on ne voit que le ciel, car la rue Saint-Hubert monte légèrement et aucun des bâtiments ne dépasse le troisième étage. Pour ce que peut voir l'œil, la rue se compose d'une rangée de maisons attachées, des duplex et des triplex modestes qui logeaient anciennement les commis de la société industrielle et les travailleurs des petites entreprises. C'est le Plateau, le plateau Mont-Royal, quartier qui s'étend du bas de la montagne vers l'est, s'étend comme s'il n'y avait pas de fin, plat, petit, presque trop modeste, comme un garçon pudique. Mais aujourd'hui, au bout du Plateau, on voit le Stade olympique et son mât qui s'élève comme une église contemporaine pour veiller sur la ville, sur l'est profond, le quartier Hochelaga-Maisonneuve. Au début du siècle, Hochelaga-Maisonneuve fut une des principales villes du pays, site industriel d'une bourgeoisie aux prétentions continentales et dont les rêves ont été détruits par la guerre de 1914-1918.

Maintenant il y a le Jardin botanique, en face du stade, trois serres dans un parc parsemé de lacs, de pelouses onduleuses, d'une roseraie, épongeant la lumière qui, ailleurs, inonde la rue Saint-Hubert pour former une silhouette de vaste taille, ombre verte, 133 hectares d'ombre verte. L'hiver, descendant le boulevard Pie-IX ou, du côté est du parc, le boulevard Viau, on tombe en plein quartier Hochelaga-Maisonneuve pour trouver la nuit. Si on descend vers la fin de l'après-midi, on risque de capter le froid dans le ciel, ce gris ossuaire du mercredi des Cendres qui lave, annonce, berce aussi, promet à sa façon des vagues incessantes de joie. Mais l'hiver, l'après-midi finit tôt. Vite vient la nuit, le noir, la chaleur serrée des intérieurs. On se souvient seulement qu'il y a Noël, qu'il y aura Noël, que Noël a eu lieu, car Noël apporte à Montréal la lumière qui lui manque l'hiver. Même plus que la lumière ; la couleur, sous forme d'ampoules électriques bleues et vertes drapées autour des arbres ou plaquées dans des vitres en rouge et jaune annonçant le Père Noël, des meilleurs vœux, des cadeaux qui doivent faire le salut éternel. Alors on marche dans la rue, on compte les arbres allumés en pesant le bleu et le vert, et on s'imagine à Bethléem, à une certaine Bethléem, froide et enneigée.

L'été, à Montréal, il fait chaud la nuit, très chaud parfois, comme si la lumière s'était transformée en calories. Beaucoup de calories. Les corps ne savent pas où se placer dans les draps. On essaie l'amour mais la sueur du coït, sinon le vôtre celui des voisins, rend fou. Dans les maisons en rangées tout s'entend. L'été, les fenêtres sont ouvertes et, lorsqu'il fait chaud, superflues. Les cours partagées en arrière, les galeries divisées par des hangars en bois, tout se prête à l'irruption des vagues incessantes de joie. La chaleur est telle qu'au milieu des parcs une brume légère s'installe. Brume féerique d'une nuit d'été. Nuit blanche. Nuit de couleurs, l'aube déjà dans ses plis. Au parc Lafontaine. Dans le nord à Ahuntsic, près de la rivière des Prairies, là où le jour on passe en vélo devant des gens dont on aurait pu dire que la veille ils s'alanguissaient sur la plage à Ravenne, ou encore en Normandie. Chez des amis dans la Pointe, la Pointe-Saint-Charles, quartier ouvrier remontant à la famine irlandaise du XIXe et aujourd'hui livré, lui aussi, à la rénovation impitoyable et nécessaire. Des enfants courent en arrière entre des maisons où des femmes seules crient après leurs gosses. De l'autre côté de la clôture on voit une famille manger son poulet grillé sur le barbecue. Nous, on revient du dépanneur, l'épicier du coin dont le stock consiste, pour les trois quarts, en chips, bière et boissons gazeuses, car le tonique nous manquait pour voir le ciel glisser de bleu en noir perlé. C'est l'été. On boit du gin dans la Pointe. À deux rues de distance, l'église aux tours de cuivre oxydé qui, plus tôt, a abrité une noce se hausse sur les toits, sur le dépanneur, semant son silence. De l'autre côté du canal, creusé au siècle dernier par des rescapés de la famine, une ancienne manufacture transformée en condominiums dort à moitié vide. Entre les silences concurrents la brume s'installe, toujours féerique, toujours demandant si on aime vraiment cette ville, si cette ville est vraiment aimable.

Au-dessus de la Pointe-Saint-Charles s'élève une autoroute, l'autoroute Ville-Marie qui rejoint celle nommée Décarie montant vers le nord et menant au boulevard Métropolitain. Celui-ci conduit vers l'est pour rejoindre le boulevard Louis-Hippolyte-Lafontaine qui tourne vers le sud, vers l'eau, vers le tunnel du même nom reliant Montréal à sa rive sud. C'est ainsi que les chemins de haute vitesse, dominant ici des maisons pauvres, là des maisons huppées, à sa droite ou à sa gauche des centres d'achat, des détaillants de voitures, des restaurants de lumière mate faits sur mesure pour les repas d'hommes d'affaires le midi, ceignent Montréal, forment la doublure en béton coulé de cette ville qu'enveloppent des rivières. De là, de la hauteur, on ressent la ville, on ressent son bonheur, on ressent les rêves qui gisent dans son sein compact, introuvables par définition, échos de cette enfance qui nous attend toujours, qu'on a oubliée, l'ayant confondue avec le passé. Et tout d'un coup, au sein même de cette ville, traversant de Rosemont à Outremont sur une voie surélevée, on la voit : ville, enfance, lumière. Du haut de cette voie, regardant vers l'ouest et légèrement au sud, on voit la montagne sous un soleil sans merci. On voit le vert des arbres qui meurt à l'automne dans une émeute de couleurs. On voit le ciel qui luit d'un bleu de Genèse. On voit les toits du quartier Mile End, de ses maisons qui cachent un mystère déchiffré seulement par la nourriture : quartier de souvlaki, de bagels, de luzerne, entouré au nord de cappuccino, à l'est des hot dogs, à l'ouest des médaillons de veau. On pense à l'histoire de la tour de Babel et on se demande combien de failles il faut y avoir pour qu'on succombe devant le mystère. Et on bénit la ville, cette ville, qui est une suite de failles.

Sur un autre mur dans le Plateau quelqu'un a voulu rigoler. *Y a-t-il une vie avant la mort ?* Dans le Mile End se trouve un désert immobilier. Quelques grands édifices de l'industrie du textile. Derrière, un terrain abandonné où la mauvaise herbe pousse parmi des roches et des cailloux. Dans les rues environnantes, des maisons curieuses. Casgrain. De Gaspé. Le quadrilatère donne envie d'y habiter, on s'y sent en dehors de la ville, dans un *no man's land* de pure lumière, la ville au bout des doigts dans une vie avant la mort. Au centre-ville, en descendant la rue Université, on arrive au Grand Hôtel des gouverneurs. Là on peut entrer et prendre l'ascenseur pour le bar au trentième étage. On entre. On prend l'ascenseur express. On presse sur le bouton marqué R. On monte. On sort de l'ascenseur. On s'assoit. On regarde autour. On ne fait pas le tour de la ville. Pour cela il faut monter un étage, au restaurant tournant. Alors on regarde par la fenêtre. On regarde un autre hôtel, le Planétarium, le vieux port, les meuneries Cinq Roses, l'autoroute Bonaventure et surtout, surtout, les rails du chemin de fer qui, antan, ont fait la gloire de la métropole et la fortune de sa couche dorée. La brume s'installe de nouveau, en plein jour, et l'on regarde avec des yeux d'enfant ces rails solitaires sur lesquels ne marche aucun train. Ce n'est pas grave. On est en haut, dans un autre *no man's land*, au-dessus des autoroutes, presque au-dessus de la lumière, un gin gimlet sur la table dans cette vie avant la mort.

Le boulevard Crémazie longe le boulevard Métropolitain de chaque côté. Avant que le boulevard Métropolitain n'ait été construit, c'était le boulevard Crémazie qui marquait le début du nord de Montréal. Presque une autre ville, cette partie nord, et pourtant c'est Montréal, doublée dans une version estampillée les années 50, des rues entières de duplex semi-détachés en briques blanches, une grande fenêtre scellée dans le salon qui donne sur la rue comme si la rue était un tableau. *Picture window*, l'appelait-on en anglais. Les rues se nomment Basile-Routhier, Millen. Les rues transversales : De Louvain, Legendre, Chabanel. Sur Chabanel, entre Saint-Laurent et Meilleur, on peut aller le samedi matin acheter en gros chez les fabricants de vêtements. Ils occupent des bâtisses faites de la même brique blanche que les duplex dans les rues avoisinantes. Ces bâtisses sont presque carrées, peut-être 17 étages en hauteur, plus que le double du nombre de fenêtres à chaque étage, le tout formant un massif qui donne l'impression d'un immense calorifère, et ceci à cause des fenêtres. Dans certaines les stores sont tirés, des fois seulement à moitié. Dans les autres on ne voit que la vitre, *picture window* à l'inverse. Mais l'ensemble est définitivement un radiateur sous forme de building. Vagues incessantes de joie. Et il y en a des buildings, comme il y en a de la joie.

Cette partie de Chabanel se termine dans un cul-de-sac. Au bout il y a une petite pente qui monte vers un chemin de fer. Debout, sur les rails de bois, on a la vue spectaculaire, un ciel illimité en deux directions. Versant sud on voit que les côtés des édifices sont construits en briques rouges. Sur ces briques brille le soleil. « Le soleil brille pour toi aujourd'hui », se rappelait Molly Bloom. On se voit devant un tableau : la lumière, des briques, les rails qui s'allongent vers la ville comme l'échelle de Jacob montait au ciel.

Alors Montréal est un tableau, un immense tableau, et tout ce qui s'y trouve est tableau aussi : architecture de verre, industries en déclin, le bureau du maire, maisons parvenues, les lits dans les maisons et les couples dans les lits. « Autant lui qu'un autre », disait Molly Bloom. Et on tourne vers le nord, vers l'horizon, vers la ville devenue lumière, tournant le dos à tout ce qu'on sait exister bien qu'on ne le voie pas, tout ce cadre bâti, l'université de Montréal, l'oratoire Saint-Joseph, le restaurant Roi du Smoked Meat coin Beaubien et Chateaubriand, tous ces êtres aussi, parents, amis, étrangers aperçus à l'arrêt de l'autobus échangeant des paroles, garçon descendant la rue Resther entre chien et loup, triste ou gai mais qui le sait, et on sait que la ville cède devant sa propre masse et devant notre folle volonté de la saisir. Même sa partie nord cède, et on veut entrer dans une de ces maisons à vitre-tableau, sur une de ces rues portant un nom comme Basile-Routhier, et on veut s'enfoncer dans un lit, sentir le matelas céder sous notre poids, tirer les couvertures et dire. Comme elle disait à Dublin.

Au nord de Crémazie tout se répète. La rue Saint-Denis, qui, au sud, attire tous les hivernants dans ses cafés au premier souffle du printemps, devient au nord une petite rue résidentielle abordant un parc, le parc Henri-Julien. À l'extrémité nord du parc se dresse une maison de retraite, foyer pour personnes âgées que la ville ne peut plus loger. Leurs fils viennent les jours fériés les sortir pour un tour en voiture. Derrière la maison il y a une autre pente qui monte vers un chemin de fer. Celui-ci traverse le quartier dans les directions ouest-est. Ils sont partout à Montréal, enveloppant la ville comme une crinoline. Sur la rue Saint-Hubert, légèrement au nord de l'*omphalos* de la ville, à la hauteur de la rue où l'on ne voit que le ciel, les rails frayent leur chemin également, coupant le quartier, obligeant la rue à prendre le détour d'un passage souterrain, et créent ainsi un autre lieu insolite, lieu de rêves en plein jour où l'édifice logeant une compagnie d'assurances se transforme en bal, en atelier, en salon d'opium, en jardin secret du consul. Là on sait qu'on a trouvé Montréal, comme Gauguin à Tahiti a trouvé la Bretagne.

Au centre-sud de Montréal, au pied du pont Jacques-Cartier, la rue Dorion débute. Remontant Dorion vers le nord on passe devant des petites maisons de deux étages. Il fut un temps où ces maisons logeaient trois familles. En arrière il y a des cours. On les aperçoit à travers des grillages. Il fut un temps où ces cours servaient d'écuries. On les voit bien, les chevaux, comme on voit bien les fiacres qu'ils tiraient dans la rue Ontario, la grande rue du quartier, là où il y a l'église et, plus à l'est, les grands éclairages à Noël. L'hiver, lorsqu'il fait très froid et que la neige luit sur les trottoirs d'un glaçage mortel, le clinquant public qui allume les galeries d'Ontario de son air festif et enfantin pâlit, comme un sourire pâlit devant trop de joie, et l'air craque sous la foudre de son propre bleu. Mais l'automne, sur la rue Dorion, l'air ne fait que respirer son gris, pluvieux, feuillé, caprice de l'œil qui se trompe de siècle tout comme il se trompe de maison, de rue, parfois de ville. Mais on ne se trompe pas. Au sud de Crémazie comme au nord, tout se répète. Là où l'on croyait voir les crottes de cheval on ne voit que des cours récemment semées de pelouses, ou même de l'asphalte pour faire des parkings. De nouveaux propriétaires arrivent, ici, vers la fin du siècle, comme là ils sont arrivés vers son milieu. Au sud comme au nord. À Montréal comme à Dublin. Un après-midi où le soleil ne brillait pour personne. Et voilà ma ville, cette ville, surprenante, deux fois surprenante.

Stephen Schecter

La vie sous zéro

Georges-Hébert Germain

Chaque année, la ville se bat contre un hiver qui dure plusieurs mois. Il mobilise des énergies considérables ; il façonne le temps, les projets, les humeurs.

Cette année, dans le temps des fêtes, il faisait vraiment très froid. Même à deux heures de l'après-midi et malgré les beaux efforts du pauvre soleil, le thermomètre se tenait, depuis trois ou quatre jours, dans les 30 degrés sous zéro. Au mont Tremblant et même beaucoup plus bas, dans la région de Saint-Sauveur et de Sainte-Adèle, c'était vraiment trop froid pour skier avec plaisir. La veille du jour de l'An, on est donc descendus des Laurentides, ma femme, ma fille et moi, avec l'intention de ne pas y remettre les pieds tant et aussi longtemps que durerait cette maudite vague de froid. Plutôt que de rester enfermés dans le chalet à regarder le foyer brûler des bûches d'érable ou de bouleau, on aimait mieux rentrer en ville. Sur l'autoroute il y avait plein d'autos qui filaient vers Montréal avec leurs skis sur le toit, comme nous.

Dans les rues, pas un chat, évidemment. Mais c'était parfaitement bien déblayé partout, vu qu'il n'avait pas neigé depuis une bonne dizaine de jours et que Montréal se vante à travers le monde d'être la championne de l'enlèvement et de l'élimination de la neige. Une fois en ville, on a pris par le chemin du Mont-Royal. On a vu en passant quelques maniaques, une quinzaine peut-être, sur la grande patinoire du lac des Castors, qui est certainement l'une des plus belles patinoires au monde, avec celle de l'île Notre-Dame, celle du canal Rideau à Ottawa et celles de Central Park et de Rockefeller Plaza au cœur de Manhattan. Ces dernières cependant ne sont pas souvent opérationnelles. New York est une ville tiède où la glace n'est jamais vraiment belle. Elle ne participait même pas à la Biennale internationale des villes d'hiver qui, en janvier, a réuni à Montréal plus de soixante villes d'Amérique, d'Europe et d'Asie, les villes les plus froides du monde.

La moyenne des températures en janvier est toujours, dans ces villes, inférieure à 5 degrés Celsius sous zéro. C'est dire que presque toutes les villes nord-américaines au nord du 40ᵉ parallèle, à part Seattle et Vancouver, qui se trouvent presque au 50ᵉ, sont membres du Club du froid. Il y a aussi d'énormes villes de Chine, de l'Europe de l'Est, neuf grosses russes, sept scandinaves, trois japonaises, deux françaises, Albertville et Grenoble. En tout, près de 2 milliards d'humains vivent en pays nordiques, pays souvent très riches, compulsifs consommateurs d'énergie, incorrigibles polluants... pas toujours faciles à vivre, mais pas tout à fait dénués de charme, même en hiver.

Certains soirs, quand le temps est humain, je vais patiner au lac des Castors ou à l'île Notre-Dame avec ma fille Rafaële. Il y a de la musique, des valses de Strauss, des *big bands* et de gentils *crooners* des années 50. Et plein de lumières multicolores partout dans les arbres. Ça me rend toujours un peu nostalgique et vachement sentimental. Une patinoire extérieure avec musiques et lumières, ça restera toujours à mes yeux l'une des images les plus bouleversantes et les plus convaincantes du bon vieux bonheur urbain nord-américain. Sauf, évidemment, quand il fait 35 degrés sous zéro, comme ce fameux 31 décembre dernier. On est rentrés tranquillement à la maison. On a vu en chemin une demi-douzaine de voitures en panne et les gyrophares jaunes de plusieurs dépanneuses qui circulaient à toute vitesse, comme toujours. Les gars qui conduisent ces engins sont des fous furieux. À la maison, j'ai fait un feu et je l'ai regardé brûler en attendant qu'il soit temps de partir pour chez mon frère Martin où avait lieu, cette année, le grand party de famille des fêtes.

L'année précédente, au jour de l'An, il pleuvait à boire debout. Ça arrive assez souvent, un bon gros redoux fin décembre ou début janvier, entre deux vagues de froid plus ou moins fortes. Le party de famille se faisait alors chez ma sœur Odette, dans un charmant village de l'Outaouais, à une petite heure de route du centre-ville de Montréal. À 11 heures du soir, le 31 décembre, je suis resté pris sur la glace vive d'une route secondaire que j'avais empruntée, pensant sauver du temps. Pauvre épais que j'étais ! À 3 mètres du sommet d'une petite côte qui ne faisait pas 5 degrés d'inclinaison, j'ai senti que mes roues tournaient dans le beurre absolu et que je n'avançais plus. J'ai tout de suite compris que j'étais mal pris : rien n'est plus glissant qu'une route glacée sous la pluie, surtout quand on a été trop innocent pour se gréer de pneus d'hiver.

Chaque fois que je sortais pour replacer sous mes roues motrices les chenilles antidérapantes, de larges caillebotis à crampons que tout bon automobiliste montréalais traîne toujours avec lui, je devais m'agripper à mon char, tellement c'était glissant. À un moment donné, nous sommes partis ensemble, lui et moi, et nous avons glissé sur à peu près une trentaine de mètres, jusqu'en bas de la petite côte. Par miracle, on est restés au milieu de la route. J'ai dû remonter à quatre pattes chercher les caillebotis qui étaient restés plantés dans la glace. Tous les quarts d'heure, ma femme, qui était déjà rendue chez ma sœur Odette, m'appelait sur mon cellulaire pour m'engueuler parce que j'étais en retard. J'étais mouillé de la tête aux pieds et pas content du tout. À minuit, ils m'ont rappelé pour me souhaiter la bonne année et le paradis à la fin de mes jours. Ils étaient déjà un peu soûls et tout en joie. J'entendais de la musique et crier et rire les enfants. Ma femme commençait à s'inquiéter. Elle était redevenue toute douce et, dans sa boisson, elle faisait des projets pour venir à mon secours avec le 4 × 4 de mon beau-frère Dupéré. Un 4 × 4, l'hiver, à Montréal, c'est le bonheur total, la certitude de pouvoir rouler confortablement, beau temps, mauvais temps, glace ou pas, même dans 2 pieds de neige. Pas étonnant qu'on en voit de plus en plus, surtout depuis que la mode des chaînes est passée et que les pneus à crampons de tungstène sont interdits sur le fragile macadam montréalais.

Dupéré avait autrefois une petite voiture de sport basse sur pattes qui faisait sa joie d'avril à novembre. Mais l'hiver, il restait souvent pris, même au centre-ville où il travaille. Un jour, il a frappé son char avec une pelle à neige, 500 dollars de dommages pour quelques secondes de plaisir. Une semaine plus tard, il s'achetait, comme un nombre chaque année croissant de Montréalais, un puissant 4 × 4. Il n'est plus jamais resté pris nulle part. Et il aurait fort bien pu venir à ma rescousse en cette pluvieuse nuit du jour de l'An dernier. Mais j'étais incapable de lui dire exactement où je me trouvais. J'ai donc raccroché, en disant que je m'en sortirais tout seul. Je suis retourné placer mes caillebotis sous les roues. À Radio-Canada, une bonne femme m'annonçait avec un malsain plaisir qu'il pleuvait des clous sur Montréal et qu'il pleuvrait encore pendant plusieurs heures. Partout ailleurs au Québec, même dans les cantons de l'Est, au climat pourtant réputé aussi doux que celui de la région métropolitaine, ça tombait en neige. Ce serait génial pour le ski.

Je suis resté là deux heures au moins. Personne n'est passé. Pas une lumière. Pas un son, à part celui de la pluie et ceux de mon moteur et de mes roues couinant méchamment sur la glace. La route sur laquelle je me trouvais traversait une érablière. Et, comme toujours quand ça fond, ça sentait terriblement bon, l'écorce, la terre, la sève, en l'occurrence l'eau d'érable. Rien n'est plus odorant que le printemps, pas seulement celui des fleurs, mais aussi celui de la fonte, quand tout se met brusquement à dégeler... L'hiver, chez nous, ça ne sent pratiquement rien. L'ozone peut-être, et le chlore, quand il vient tout juste de neiger. Et puis en ville on renifle çà et là des gaz brûlés, de l'oxyde de carbone surtout ; on sent aussi le gros sel et le chlorure de calcium et, de temps en temps, plus violent, un fugace fumet de feu de bois, dans les quartiers résidentiels. À part ça, c'est le désert olfactif le plus complet. Mais au printemps, même dans un petit printemps éphémère comme celui dans lequel je me trouvais cette nuit-là (il y en a deux ou trois par hiver à Montréal, un ou deux à Québec et à Chicoutimi, presque jamais à Sept-Îles ou à Amos), tout éclate et enivre.

Je m'en suis finalement sorti. La pluie a fini par creuser des rigoles dans la glace qui recouvrait la route et bientôt des petits filets de boue sont apparus. Je me suis donné un élan et j'ai réussi à passer. Chez ma sœur Odette, la fête battait son plein. On m'a reçu en héros. Mais je n'ai jamais réussi à les rejoindre dans l'ivresse, ce qui fait que, le lendemain matin, j'avais la tête solide et les idées bien claires. La température, elle, était retombée légèrement sous zéro. Quand nous sommes rentrés en ville, tous les arbres, tous les toits, les cheminées, les poteaux et les fils électriques étaient recouverts de glace et de givre. 10 000 branches d'arbres avaient été cassées, des fils étaient tombés, 1 000 autos s'étaient tamponnées, plein de gens s'étaient cassé le coccyx dans leurs escaliers ou sur les trottoirs. Avec le soleil là-dessus, c'était vraiment magnifique. Et ça s'est mis à fondre. Au milieu de l'après-midi, c'était de nouveau le printemps.

Cette année, le jour de l'An a été, je vous l'ai dit, une tout autre affaire. On était gelés comme des rats. Quand il fait aussi froid, aussi dur, aussi longtemps, on dirait que ça ne finira jamais. Plus rien ne bouge. On est plantés dans le froid comme un coin dans le bois. On dirait vraiment que le temps s'est arrêté (au pire endroit imaginable), qu'il est gelé dur lui aussi et qu'il n'arrivera plus jamais rien. Les seuls qui restent dehors, ce sont les moineaux et les étourneaux. Ils n'ont que quelques grammes de plumes, trois gouttes de sang, gros comme une fève de muscles, et ils passent l'hiver dehors à picorer des miettes et à chanter. Leurs piaillements, infimes constellations sonores au fond du grand bol d'air muet et glacé, sont tout ce qu'on entend les matins de grand froid quand on ouvre la porte pour ramasser les journaux. Notre chat Jolicœur refuse de sortir. Les gros écureuils gris, qui achalent tout le monde en temps normal, on ne les voit plus pendant des jours. Ils n'hibernent jamais tout à fait mais, quand il fait si froid, ils ralentissent énormément leurs activités. Sagesse !

Les froids de Montréal, comme ses grandes chaleurs d'été, sont très humides. À cause de cela, nous prétendons qu'ils sont plus cruels que partout ailleurs au Québec, peut-être même au monde. En Abitibi, par exemple, ou au Témiscamingue ou même en Gaspésie et encore plus à la baie James, ils nous battent aisément question température brute. En janvier et février, les 45 et les 50 degrés sous zéro ne sont pas rares. Mais ce sont des froids francs et secs. Les nôtres, à Montréal, pénètrent jusqu'à l'os, jusqu'à l'âme, facilement ; ce sont des froids pervers, bêtes et méchants.

Depuis quelques années, dans les bulletins qu'ils nous livrent à la radio chaque heure du jour et de la nuit, les météorologues ont pris l'habitude de nous faire deux lectures de températures, quand celles-ci sont excessives : l'une objective, à l'abri du vent, l'autre tenant compte du degré d'humidité, de la vitesse et de la direction du vent, du facteur de refroidissement, si bien que, régulièrement, nous battons toutes les régions du Québec, y compris la Côte-Nord et même l'Ungava. Plus c'est humide et venteux, plus c'est froid et douloureux. Tout le monde se plaint... et se délecte. Car il y a chez nous une espèce de désir un peu maso de battre des records de température. Comme s'il s'agissait d'un concours consistant à descendre le plus loin possible vers l'inaccessible fond d'un abîme de misère et de froid. Ma sœur Lise, l'aînée de la famille, croit que c'est parce qu'il ne se passe à peu près rien d'autre d'intéressant dans notre petit pays confortable et douillet. Ailleurs, ils font des révolutions et des guerres civiles ou ils ont des tremblements de terre ou des terroristes ; nous, à Montréal, on a des variations de température et des excès de froid. Quand on frôle un record, on est tous excités comme des poux. On en parle entre nous, ça fait la manchette des journaux. Et quand on a survécu à une vague de froid, on se prend un peu pour des héros. Ça fait du bien.

Nos méchants froids présentent cependant l'avantage pour nous de ne jamais passer inaperçus. Un froid sec, comme celui qui sévit une bonne partie de l'hiver en Abitibi ou dans les Prairies, autour de Winnipeg par exemple ou de Calgary et Regina, on peut sortir dedans nu-tête et nu-mains, ne pas sentir les engelures et se ramasser avec les oreilles en choux-fleurs ou passer ensuite des jours avec le bout des orteils et des doigts gourds. Mais le froid montréalais, on le sent dès qu'on met le pied dehors, un peu comme celui, peut-être moins intense, mais tout aussi pénétrant, qui sévit en janvier sur Oslo ou Stockholm. On ne peut l'oublier une fraction de seconde. Il est tangible, indéniable. On marche la tête rentrée dans les épaules jusqu'aux oreilles. On se sent petits, tout fragiles et faiblards, écorchés vifs par l'air glacé... Ma mère, qui sort peu, dit alors qu'il fait cru.

Cette année donc, c'est par une nuit de grand froid cru qu'avait lieu, chez mon frère Martin, le party de famille des fêtes. Martin, le plus grand et le plus costaud de nous tous, brillant joueur de hockey, habite à Fabreville, dans la banlieue nord de Montréal. On était presque prêts à y aller, j'allais mettre mon manteau pour sortir faire chauffer l'auto, quand Francine, ma tendre épouse, m'annonça qu'elle allait me remettre mon cadeau des fêtes avec quelques heures d'avance. D'habitude on fait ça en famille, pendant la nuit du jour de l'An. Francine avait décidé unilatéralement de casser la tradition. Elle m'a tendu un tout petit paquet enveloppé dans du papier doré. J'ai déchiré l'emballage. Ça ressemblait tout à fait à rien, gros comme un carton d'allumettes, un simple boîtier de plastique noir avec un bouton blanc. Je me le tournais stupidement entre les doigts en me demandant à quoi ça pouvait bien servir. Elle me l'a pris des mains, s'est approchée de la fenêtre, l'a tendu vers ma Taurus stationnée devant la maison sous les épinettes. Elle a appuyé sur le bouton blanc. Et j'ai vu les phares de mon char s'allumer. Et puis, quelques secondes plus tard, un joli petit panache de fumée blanche lui est monté du derrière. Ma femme m'avait offert le dernier gadget en matière de technologie de l'hiver, un démarreur à distance.

J'ai évidemment manifesté une grande joie, même si je n'ai pu m'empêcher de penser à quel point ce genre de chose devait être polluant, à quel point aussi c'était encore une fois une invention d'un monde qui déteste activement l'hiver et développe des trésors d'imagination pour qu'on ne s'aperçoive pas qu'il est là, qu'on en ressente le moins possible les effets. Mais quand il gèle à fendre l'âme, comme ce jour-là, je me fais généralement un vif plaisir d'oublier ces nobles pensées. On est donc montés, quinze minutes plus tard, dans une charmante bulle d'air bien chaud et on est partis tout joyeux pour Fabreville. Je n'ai même pas eu besoin de sacrifier au rituel du grattage des fenêtres et du déglaçage des essuie-glaces, ni même de m'inquiéter de savoir si le moteur partirait. Chaque fois que sa température baisse en bas de 18 degrés sous zéro et qu'il est sur le point de succomber à l'hypothermie, mon démarreur le réveille automatiquement et le fait tourner pendant un petit quart d'heure, histoire de le réchauffer un peu et de le tenir en forme.

Martin, lui, ne se casse pas la tête avec ce genre de choses. Il a un chauffe-moteur électrique, comme beaucoup de gens qui habitent les banlieues, presque toujours plus venteuses que le centre-ville. Le mari de ma sœur Andrée, qui s'appelle André lui aussi et qui habite lui aussi en banlieue, mais plus proche, est encore mieux équipé que Martin. Il a un Tempo, sorte de marquise ou d'abri temporaire qu'il installe à côté de sa maison chaque automne et qu'il démonte au printemps, petite opération d'une heure ou deux qu'il exécute au même moment que l'enlèvement ou la pose des moustiquaires, des châssis doubles, des coupe-froid, etc. C'est simple : une armature d'acier qu'on recouvre d'une toile de polythène translucide très résistante, une heure et demie de travail, pas plus.

Tout Laval et dans une moindre mesure la Rive-Sud, grands dortoirs de Montréal, sont les royaumes du Tempo, marque déposée en 1970 par un gars du lac Saint-Jean qui a fait une fortune et qui, aujourd'hui, exporte en Nouvelle-Angleterre, en Scandinavie et même au Japon. Il y aurait maintenant plus de 200 000 Tempo dans la région métropolitaine. Mon beau-frère André, ça lui a coûté moins de 500 dollars - le prix d'un démarreur à distance - et ça lui a sauvé pour dix fois plus de temps et d'effort. Plus rien à pelleter, à gratter, plus jamais de batterie à plat. Sur le territoire de la municipalité de Montréal, ces abris ont été longtemps interdits par l'administration Jean Drapeau. Souci d'esthétisme, disait-on. Depuis toujours, c'est une obsession chez nos édiles : éviter la couleur, que tout soit gris, terne et mat, comme l'hiver.

Or, chaque année, immanquablement, après chaque bordée de neige (il y en a en moyenne neuf par hiver à Montréal, plus deux ou trois grosses pluies de quelques jours), de pauvres bougres s'échinaient à pelleter pour dégager leurs chars ou leurs entrées. Quelques-uns en mouraient, le cœur brisé. C'est l'un des drames de nos hivers ; d'octobre à avril, on fait si peu d'exercice que, lorsqu'on doit bouger ou forcer un peu, on réalise, parfois trop tard, qu'on n'a plus de souffle, plus de muscles, plus de vie. Quand il s'est présenté pour la première fois à la mairie de Montréal, Jean Doré, le maire actuel, a promis, entre autres très nombreuses choses, d'ouvrir certains quartiers de la ville aux Tempo, à condition qu'ils fussent blancs. Souci d'esthétisme, toujours. En novembre, on voit maintenant des Tempo surgir un peu partout dans les rues de Bordeaux, Cartierville, Pointe-aux-Trembles, Rosemont, dans la plupart des quartiers résidentiels de Montréal où se trouvent principalement des maisons unifamiliales. Sur la rue où habitent mes sœurs Sylvie et Christiane, du côté de Pierrefonds et de Roxboro, il y en a pratiquement devant chaque maison. Comme dans cette tranquille petite rue de Fabreville où a lieu ce soir la grande fête.

Quand, finalement, nous arrivons, onze de mes frères et sœurs, leurs conjoints, leurs enfants, ma mère sont déjà là. Ça fait beaucoup de monde, pas loin de cinquante personnes, dans un moyen bungalow de banlieue. Et ça festoit à qui mieux mieux. La maison est pleine comme un œuf à l'heure de pointe. On s'entend à peine parler, on peut à peine bouger. Mais on est bien et heureux de se retrouver tous ensemble, ou presque. Les enfants braillent, ça chante, ça rit. Les vitres s'embuent, et, bientôt, même les murs de cette maison moderne trop bien isolée se mettent à ressuer. La seule pièce tranquille et fraîche de la maison, c'est la chambre des enfants où sont entassés nos manteaux et nos bottes, et les cadeaux qu'on se remettra tout à l'heure. Manquent Jean-Yves et sa nouvelle blonde, Serge et sa femme Luce et leurs enfants qui sont dans le Sud, à Zihuatanejo et au Costa Rica. Depuis la mort de papa, en 1983, on n'est presque plus jamais réunis au grand complet. Chaque année, il y en a deux ou trois qui vont passer les fêtes au soleil. D'après mon frère Jean-Pierre, fonctionnaire à Québec, nous respectons en cela les statistiques nationales. Chaque année, les Québécois achètent au moins 1 200 000 billets d'avion pour aller dans le Sud, la moitié du temps en Floride. Aucun de nous, à part maman, qui n'y soit allé au moins une fois.

La côte Atlantique de la Floride, entre Fort Lauderdale et West Palm Beach, est en hiver une véritable colonie québécoise. À Hollywood par exemple, ou à Ellendale, on peut facilement se procurer le *Journal de Montréal*, on parle québécois dans les rues, les restaurants, les pharmacies, partout. Et dans les boîtes de nuit, qui peut-on entendre ? Des vieilles chanteuses et des vieux fantaisistes du Québec qui font là-bas leurs derniers tours de piste. Tout un monde ! Certains secteurs de Pompano Beach sont presque exclusivement habités par des Québécois qui passent dans le sud le plus dur de l'hiver, des gens de l'âge d'or pour la plupart qui, pendant quelques mois, constituent sous les palmiers ce que certains considèrent comme la deuxième ville québécoise en population.

Par rétroaction, le Québec s'est mis à ressembler à la Floride. Il y a vingt ans déjà, on trouvait dans nos salons des palmiers en plastique, avec souvent un singe en peluche grimpé dedans. Selon Alain, le septième de la famille, qui est psy et bon joueur de hockey lui aussi, ce mimétisme va maintenant beaucoup plus loin, plus profondément dans notre inconscient collectif, nos mœurs, nos habitudes et nos attitudes, et tout le reste. Ainsi, nous fait-il remarquer, ce bungalow où nous fêtons ce soir le Nouvel An est, quoique charmant, d'une architecture complètement absurde et dangereusement aliénée. Il est en effet bâti exactement comme ceux qu'on voit en Floride, dans les banlieues géantes qui entourent Fort Lauderdale ou Miami. Mon frère Gérald, qui étudie aux Beaux-Arts et a beaucoup voyagé, a une théorie là-dessus. Il parle du syndrome floridien.

« Ici, on nie l'hiver, dit-il. Toutes les villes nordiques nient l'hiver, plutôt que d'essayer de l'amadouer. Mais Montréal plus que toute autre. On se vante à travers le monde de déblayer nos rues après une tempête plus rapidement que partout ailleurs. On a la neige honteuse. On la cache, comme un vice ou une tare. Et si la ville tarde le moindrement à déblayer, il y a des milliers de plaintes. Presque partout ailleurs, ils tassent ou tapent la neige. Regarde à Québec. Ou va voir à Sapporo au Japon, où ils ont encore plus de neige qu'ici. Ils ont appris à vivre avec elle. Nous, on ne veut pas voir la neige, on refuse de voir l'hiver. On est ici et on n'y est pas. Pas surprenant, comme dit Lise, qu'il se passe si peu de choses. »

Les critiques d'architecture nous ont dit et redit qu'on a adopté des modèles d'aménagement urbain importés de Californie et de Floride. Selon eux, les entrepreneurs immobiliers ne tiennent généralement pas compte de l'ensoleillement, ni des vents dominants, ni même du climat. Ainsi, on a construit, autour de Montréal, des dizaines de milliers de maisons qui, comme celle de Martin, n'ont pas de tambour, ce qui est une aberration de la pire espèce. En Suède et en Norvège, mais aussi partout ailleurs au Québec, les maisons ont une entrée à double porte, comme un sas, servant à mieux isoler l'intérieur de la maison. Dans les bungalows de Boisbriand, de Lorraine, de Mascouche ou de Brossard, de toutes les jeunes banlieues montréalaises, on entre directement dans le salon ou dans la cuisine. C'est horrible, malsain, terriblement inconfortable.

Chaque fois que quelqu'un entre ou sort, quelques mètres cubes d'air réchauffé à grands frais s'enfuient et une masse équivalente d'air glacé s'engouffre dans la maison. Elle fait lentement le tour de la pièce, sorte de fantôme qu'on peut suivre à la trace. Chacun sur son passage porte la main à son cou ou referme d'un geste réflexe l'encolure de sa chemise. Puis on entend le sourd vroum

vroum de la fournaise au sous-sol. En quelques minutes, il refait chaud, très chaud. On a éliminé le fantôme venu du froid. Mais c'est toujours à recommencer. C'est l'histoire de nos vies, cette désagréable oscillation six mois par année entre le froid et le chaud. Ma belle-sœur Luce, qui a des jambes magnifiques, s'est mêlée à la conversation et en rajoute un peu dans le sens de Gérald et d'Alain, réaffirmant à quel point il est évident jusque dans nos habitudes vestimentaires qu'on veut ignorer l'hiver, faire semblant qu'il n'est pas là. Rien de plus vrai ! Quand la minijupe est à la mode, les filles d'ici l'adoptent servilement, comme si on était à Rome ou à Rio.

Lorsqu'ils montrent des maquettes de leurs projets, les architectes font eux aussi comme si la froide saison n'existait pas et qu'il faisait toujours gros et haut soleil. Sur leurs croquis, les arbres ont des feuilles et produisent de l'ombre en abondance. De plus, ils mettent des jets d'eau et des fontaines monumentales un peu partout, ce qui est une grande absurdité. Neuf mois par année, au parc Lafontaine, au parc Angrignon, au lac des Castors, l'eau est coupée. Vasques et bassins sont remplis de feuilles mortes, de neige et de glace. La majorité des buildings de Montréal sont construits eux aussi comme ceux du Grand Sud, tous climatisés de la tête aux pieds, ce qui est peut-être fort utile pour les quelques jours de grande chaleur de juillet et août, mais qui ne sert strictement à rien le restant de l'année. De plus, ils sont toujours isolés les uns des autres, comme des monuments, véritables proclamations architecturales affirmant bien haut l'ego de l'architecte, et ménageant entre les hautes tours du centre-ville des vides effroyables, vertigineux abysses de froid, dans lesquels naissent des vents terribles et imprévisibles, auxquels chaque building se trouve de tous côtés exposé.

C'est ce que les aménagistes, dit encore Gérald, appellent le *one building syndrome*. Il serait beaucoup plus sage, plus économique aussi, de grouper les buildings dans de grands ensembles, comme on a fait à Fermont par exemple, un immense fer à cheval dans lequel se trouvent tous les bureaux, tous les appartements, presque toute la ville. Ou, dans une moindre mesure, à Detroit, à Minneapolis. À Montréal, les grandes artères sont exactement dans l'axe des vents dominants. Le boulevard René-Lévesque ou la rue Sherbrooke par exemple sont pratiquement déserts de novembre à avril, trop venteux, trop froids, impraticables. En revanche, les rues Saint-Laurent ou Saint-Denis, perpendiculaires aux vents, sont infiniment plus agréables et de plus en plus fréquentées.

Ma sœur Odette, qui habite à Bordeaux, à deux pas de la rivière des Prairies, n'est pas vraiment d'accord avec les critiques et les reproches que nous formulons. Elle ne croit pas qu'il faille apprivoiser et aimer l'hiver. Elle le déteste passionnément et sans remords, et ne manque jamais une occasion de le maudire et de le nier de toutes ses forces. Elle dit que nous nous sommes affranchis des contraintes de l'hiver, que nous ne sommes plus esclaves de la géographie et du climat, mais maîtres désormais de notre destinée, de notre histoire, de notre temps. Elle descend au moins deux fois par hiver dans le Sud. Quand elle est « prise » ici, elle va régulièrement « se refaire une beauté » au salon de bronzage. Chez elle, il fait souvent plus chaud l'hiver que l'été, facilement 25 degrés. On peut se promener nu-pieds dans son salon même au plus fort de l'hiver. Ça lui coûte évidemment une petite fortune en chauffage. Mais elle aime la chaleur comme un junkie aime sa dope. Et pour elle, ça n'a pas de prix. Son rêve est d'habiter à Tropiques Nord.

Tropiques Nord, c'est le triomphe en terre nordique du syndrome floridien. Il s'agit d'un immense atrium vitré de 37 mètres de hauteur recouvrant un grand jardin tropical où, trois cent soixante-cinq jours par année, croissent sans vergogne l'hibiscus et le palmier, le gardénia et le bougainvillier, face au fleuve Saint-Laurent, à trois minutes de la place Ville-Marie. Chacun des 120 appartements de Tropiques Nord donne sur ce jardin et sur un lagon aux eaux tièdes et limpides où on peut nager en plein bonheur hiver comme été, dans un décor de très grand luxe formidablement hétéroclite qui rappelle Mykonos, Ipanema, Taormina, Bora Bora, etc. En Alberta, ils ont bâti sur le même principe l'incroyable West Edmonton Mall : 800 boutiques, 11 magasins à rayons, 20 cinémas, un petit terrain de golf, 100 restaurants, un hôtel sur un lac, dans un parc, tout cela sous un même toit, bien au chaud et au sec, mais épouvantablement cher.

Il y a pourtant une vraie solution typiquement montréalaise et infiniment plus raisonnable au problème du froid : on a construit au cours des vingt dernières années une véritable ville souterraine en continuelle expansion. Déjà 29 kilomètres de galeries sont raccordés au métro et donnent accès à la majorité des grands buildings du centre-ville, à des milliers de bureaux, d'appartements, de boutiques et de restaurants, cinémas, églises, ateliers de toutes sortes, hôtels, collèges, universités, gymnases, etc. Aux Promenades Ville-Marie, à la Baie, à l'université du Québec, même quand il fait moins 40 sur Montréal, on rencontre des gens en chandail et veston, nu-tête, vivant l'hiver comme l'été. Ou presque.

De même, chez mon frère Martin, c'est au sous-sol qu'on est le mieux. La température y est constante. On est comme dans une caverne parfaitement climatisée, sous des milliards de mètres cubes de froid et d'obscurité. Ma sœur Anne, qui a étudié en anthropologie et forcé comme nous tous sur le gin ou le champagne, nous parle du zinjanthrope, notre ancêtre à tous, né il y a quatorze millions d'années environ dans un endroit merveilleux d'humanité, ensoleillé, chaud, Olduvai, au nord de la Tanzanie d'aujourd'hui. Par quelle aberration mentale cet australopithèque a-t-il décidé de quitter son pays et de venir s'établir ici, dans la nuit et le froid ? Que cherchait ce pauvre bougre ? Voilà d'insolubles questions ! C'est au chaud que l'homme est né et qu'il aurait dû rester. Ici, nous ne sommes pas et ne serons jamais dans notre environnement naturel.

Partout, au nord du 40e parallèle, nous devons nous refaire des bulles de chaleur dans l'espoir de recréer tant bien que mal le climat d'Olduvai. Six mois par année, nous courons de l'une à l'autre de ces bulles. Leur construction et leur entretien nous prennent les trois quarts de notre temps et nous coûtent une fortune : chauffage, matériaux isolants, vêtements, médicaments, psychiatres, foreuses, etc. La plus longue saga judiciaire de toute l'histoire du droit canadien a rapport à l'hiver. Le procès de la Miuf, une mousse isolante remarquablement efficace, mais qui, croyait-on, pouvait donner le cancer, a duré pas moins de neuf ans. Des milliers de gens ont dû pratiquement démolir leurs maisons, vider les murs, gratter l'épouvantable Miuf, déménager ou se résoudre à vivre dans l'inquiétude, entourés de murs hostiles et malsains.

Cette année, à la Biennale internationale des villes d'hiver, les grandes villes du froid se sont rencontrées à Montréal pour parler, entre autres choses, de leurs problèmes de santé, grippes, rhumes chroniques, surtout obésité et manque d'exercice. L'hiver urbain est en effet une saison de grande oisiveté, de *cocooning*. Dès les premiers froids, le cheptel automobile sur le territoire de la ville diminue de façon remarquable, jusqu'à 10 % ; mais la fréquentation des transports publics n'augmente pas en proportion équivalente. En fait, la majorité des gens restent douillettement et confortablement encabanés d'octobre à avril. Çà et là, rarement, on aperçoit un jogger, un marcheur ou un cycliste. Les cotes d'écoute de la télé atteignent alors leur plus haut niveau, près de trente heures par semaine *per capita*, presque deux fois plus que pendant l'été. Et on mange à se défoncer, une vieille croyance voulant qu'on ait besoin d'un surplus de calories, de protéines, de glucides et de lipides pour résister aux rigueurs de l'hiver, alors qu'on s'en est pratiquement soustraits, qu'on vit dans des maisons surchauffées et qu'on ne bouge à peu près plus. On boit beaucoup plus d'alcool aussi, comme dans tous les pays nordiques. On se suicide et on s'assassine quatre ou cinq fois plus en février qu'en juillet. Une personne sur trois se tape une plus ou moins sérieuse dépression.

Médecins, psychiatres et spécialistes des loisirs considèrent que tous ces problèmes seraient en bonne partie réglés si on se grouillait un peu, si on allait jouer dehors, si on cessait de détester l'hiver et de tout faire pour en fuir les rigueurs. Il faut dire que les choses et le monde changent tranquillement. Les gouvernements municipal, provincial et fédéral ont mis au point toutes sortes de programmes d'incitation à l'exercice physique et à la consommation de grand air : « Participation », « Va jouer dehors », etc. Au cours des années 80, les Montréalais sont devenus les plus grands skieurs en nombre d'heures au Canada (ski de fond et ski alpin), peut-être même au monde.

Montréal est entourée, à moins d'une heure de route, de très nombreux centres de ski. Mais on peut aussi skier en pleine ville, sur le Mont-Royal, près du lac des Castors, et le long des pistes (cyclables en été, skiables en hiver) qu'on continue d'aménager tout autour de l'île et qui font déjà plus de 100 kilomètres, longeant le fleuve, le lac Saint-Louis, la rivière des Prairies... On dit que Montréal a un grand potentiel ludique et récréatif, beaucoup plus que Toronto ou Minneapolis, et que toutes les villes des Prairies où l'absence de relief est peu propice aux sports d'hiver. Et il y a toujours chez nous de généreuses accumulations de neige, 200 centimètres en moyenne par hiver, c'est-à-dire que 9 millions de mètres cubes de neige tombent chaque année sur le territoire de la municipalité de Montréal. De quoi s'amuser. Et se taper de terribles cauchemars.

Au moment où elle tombe, la neige crée immanquablement une sorte d'état de grâce et d'euphorie. C'est un show magnifique, toujours très spectaculaire, très touchant, à la fois excitant et apaisant. Tout redevient blanc et propre, très doux. La nature, la vraie grande nature pure, sauvage et belle, reprend alors possession de la ville. Las ! À Montréal, ça ne dure jamais bien longtemps. La pollution atmosphérique et des épandages d'abrasifs et de fondants, plus volumineux que partout ailleurs au Canada, ont tôt fait de souiller irrémédiablement le blanc manteau d'hermine que les contribuables montréalais ne peuvent, de toute façon, supporter plus de quelques heures sans rechigner. Ils paient en effet quelque 60 millions de dollars annuellement pour en être débarrassés le plus rapidement possible. Et ils n'y arrivent pas tout à fait. L'élimination n'est qu'apparente, illusoire.

Longtemps avant même qu'elle ne commence à tomber, la neige crée des problèmes et des conflits de tous ordres. Ainsi, dès que les ouvriers de la ville entreprennent, vers le milieu de septembre, de débarrasser les trottoirs et les places pour que les véhicules de déneigement puissent plus tard circuler librement, qu'ils rentrent les bacs à fleurs et les bancs publics, qu'ils entourent les arbres de gaines protectrices en caoutchouc ou en bois, des tollés de protestation se lèvent de tous bords, tous côtés. Tout le monde trouve toujours qu'il est trop tôt, qu'on devrait laisser à l'été la chance de durer encore un peu. De même, jusqu'en mai ou même en juin, longtemps après que la neige a fini de tomber et est disparue, elle continue à faire parler d'elle. Le paysage reste marqué, les rues sont défoncées et trouées, les égouts bouchés, le fleuve pollué ; et les plaintes affluent par milliers au standard téléphonique de la ville. Des semaines, des mois, et des millions de dollars et des trésors de patience qu'il faut chaque année pour réparer les dégâts de l'hiver. Et ça ne va jamais assez vite. Et ça coûte toujours trop cher.

Ma sœur Christiane travaille comme comptable dans une grosse entreprise montréalaise de déneigement. Elle connaît tout sur la neige. C'est elle qui nous a appris qu'il y avait chaque année à Montréal neuf vraies tempêtes de neige de 10 centimètres au moins. Et que deux ou trois d'entre elles faisaient jusqu'à 30 centimètres, parfois plus. Et qu'il y a quelque 2 000 kilomètres de rues à déblayer, 3 200 kilomètres de trottoirs. Et qu'on répand chaque année là-dessus 130 000 tonnes d'abrasifs et de fondants qu'il faudra ensuite ramasser et détruire. Depuis deux ans, on a réduit de moitié les épandages de sel. On n'en répand plus que 60 000 tonnes par hiver. Ajoutez à cela 15 000 tonnes de sable, 50 000 de pierre fine (de 5 à 6 millimètres) et 132 de chlorure de calcium. Ça vous fait une assez terrible mixture que l'environnement, pourtant très robuste et encore relativement jeune, a de plus en plus de difficultés à absorber.

Le calcium, c'est la plaie vive de Montréal, notre cauchemar. Ça corrode le métal des voitures, ça brûle le cuir et le caoutchouc, ça laisse de grands cernes blanchâtres sur nos bottes et le bas de nos pantalons. Mélangé au sable, à la pierre, au sel et à la neige, le chlorure de calcium forme une horrible gadoue typique de Montréal, la sloche (de l'anglais *slush*), dont la viscosité varie selon la température. La sloche est sans conteste la plus laide chose de notre hiver, le plus visible et le plus efficace de ses effroyables agents de pollution. À Montréal, c'est le Service des travaux publics qui s'occupe du déblaiement. Dans les huit heures suivant la fin de la précipitation, toutes les rues et tous les trottoirs sont en principe praticables. Une fois la neige tassée en bordure des rues où elle forme des espèces de moraines ou d'eskers interminables, il faut procéder à l'enlèvement, ce qui prend souvent plusieurs jours et nuits, et est confié en bonne partie à des entreprises du secteur privé, comme celle pour laquelle travaille Christiane.

Mais avant que ces avaleurs de tempêtes (c'est le nom poétique que leur ont trouvé les relationnistes de la ville) ne puissent s'exécuter, il faut que nous extirpions nos chars de la couette de neige où ils se trouvent enfouis et que nous leur trouvions un espace dégagé. On a alors distribué dans les rues 30 000 panneaux amovibles indiquant les périodes d'interdiction de stationnement. Pendant des heures, ce sera la course folle. Des milliers d'automobilistes se cherchent un stationnement, sachant fort bien qu'il est mathématiquement impossible que tous en trouvent et que plusieurs vont ramasser une contravention et se feront touer leur voiture sur une rue avoisinante déjà déblayée ou dans quelque dépôt aux confins de la ville. La fête est définitivement terminée. Sous leur propre poids, sous l'action mécanique des vents, sous l'action chimique du sel et du chlorure de calcium, les moraines de neige créées par les charrues et les autoniveleuses durcissent rapidement et barrent littéralement les entrées de nos maisons dont chacun doit assurer le déblaiement, soit en jouant lui-même de la pelle, soit en faisant appel à quelque entrepreneur en déneigement. Très souvent, ce sont des Italiens, ceux-là même qui, l'été, entretiennent les jardins et les pelouses des beaux quartiers.

Vers le milieu de l'hiver, la neige accumulée commence à former devant les maisons de respectables congères, sur lesquelles les enfants font des glissades et dans lesquelles ils se construisent des forts où ils jouent aux Indiens. Il y a eu déjà de graves accidents qui ont engendré des légendes d'horreur. Des forts se sont effondrés, des enfants sont morts asphyxiés. Pire, on raconte que des forts construits en bordure de la rue ont été rasés par la souffleuse. Et que des enfants ont été broyés à mort... Aujourd'hui, quelle que soit l'heure du jour ou de la nuit, il y a toujours un éclaireur, portant un dossard fluorescent, qui précède et guide la souffleuse. Mais, de toute façon, la bonne vieille tradition de l'érection de forts de neige est en train de se perdre. Comme celle de la sculpture sur neige ou sur glace. Au début de ce siècle, Montréal était l'incontestable capitale mondiale de la sculpture sur neige. On construisait, en utilisant les bonnes vieilles techniques esquimaudes, des répliques hallucinantes de vérité du Parlement de Québec, de l'église Notre-Dame, de l'hôtel de ville, etc. Si Montréal est restée la plus grande ville de hockey au monde, elle a perdu, au cours des années 50, son titre de championne de la sculpture sur neige au profit de Sapporo. Et Saint-Paul-Minneapolis est devenue la capitale de la sculpture sur glace.

La neige, on ne joue plus avec, on s'en débarrasse. Et cette opération crée des problèmes de tous ordres et donne lieu à de très orageux débats. On ne se débarrasse pas facilement de 9 millions de mètres cubes de neige usée. Chargée par 90 souffleuses à bord de 660 camions (c'est toujours ma sœur Christiane qui parle), la vieille neige usée est acheminée vers une vingtaine de sites d'élimination. La grande carrière Francon accueille à elle seule le quart du volume total, un peu plus que la dizaine de terrains vagues où, au cours de l'hiver, on crée de véritables montagnes de neige qui ne finiront de fondre qu'en mai, peut-être même en juin. On déverse également dans les égouts plus d'un million et demi de tonnes de neige usée qui sont ainsi acheminées vers les usines de traitement avant d'être rejetées dans la nature. On a aussi des fondeuses à neige qui fonctionnent au pétrole, coûtent une fortune à opérer et ne permettent d'éliminer que 1 % du volume total. Près du tiers de la neige usée ramassée dans les rues, sale, toxique, salée, est déversé directement dans le fleuve, ce qui fait hurler plein de gens, surtout ceux qui, comme mon frère Jean-Jacques, habitent vers l'aval, du côté de Pointe-aux-Trembles, de Repentigny, de Boucherville.

La ville s'est engagée à ne plus rien déverser dans le fleuve, à partir de 1996. Il faudra d'ici là avoir trouvé une solution. On espère réduire considérablement le volume de calcium. On essaiera des épandages de sel humide, moins dommageable pour l'environnement que le sel sec et, semble-t-il, tout aussi efficace. Il est aussi question qu'on ramasse moins de neige et qu'on en souffle le plus possible sur les terrains privés. Certaines municipalités de la Communauté urbaine de Montréal et des banlieues ne se gênent d'ailleurs pas pour le faire. Comme la majorité des villes canadiennes. Le paysage hivernal montréalais devrait donc changer quelque peu au cours des prochaines années. D'ailleurs, c'est une particularité des villes nordiques, ces changements de paysages fréquents, brusques et radicaux. Ici, les saisons marquent profondément le décor. Tout change sans cesse, comme si nous vivions dans un kaléidoscope géant. C'est le grand charme de Montréal. Et nos humeurs et notre rythme de vie, nos idées et nos projets changent en même temps que le paysage, du tout au tout. Vert tendre et exalté de mai, jaune brûlé de juillet, rouille nostalgique d'octobre, bleu acier de décembre, blanches cérémonies de janvier et tempêtes de mars aux énormes flocons, grisailles d'avril...

Quand nous sortons, au petit matin, de chez Martin, des cadeaux et des enfants endormis plein les bras, il neige tout doucement sur Montréal. Ça veut dire que le gros de la vague de froid est enfin passé. Et que, dans quelques heures, sur l'autoroute, il y aura plein d'autos qui fileront vers les Laurentides avec leurs skis sur le toit, comme nous.

Georges-Hébert Germain

Qu'elle était verte, ma banlieue !

Michel Labrecque

Les classes moyennes, les usines désertent Montréal pour s'installer en banlieue. Les anciennes cités-bungalows-dortoirs sont devenues des villes à part entière. Un ex-banlieusard revient sur les lieux de son enfance : récit d'un pèlerinage.

Mon père me surnommait son « ti-cul d'asphalte ». Ma mère se plaisait à surenchérir. C'était sans doute leur façon de décrire ma condition de bagnard de la ville. Je vivais coincé entre le balcon du deuxième étage de leur logement de jeunes mariées et l'asphalte de cette rue du quartier Ahuntsic où l'on résidait. Pour seul horizon, mes parents offraient à leur premier fils la grisaille du bitume et le confinement à l'urbanité. À leur yeux, il ne devait sans doute pas exister de plus grande misère que de vivre en ville dans un petit quatre-pièces-et-demie.

Il faut savoir que mon père est né à Sherbrooke, dans les cantons de l'Est, à une époque où Sherbrooke, c'était la campagne. Mon père a passé sa jeunesse dans les bois environnants à chasser la marmotte. Puis, même après avoir quitté Sherbrooke pour aller étudier à Montréal, à Polytechnique, il travaillait l'été dans les forêts de la Côte-Nord sur les nouveaux projets de barrages d'Hydro-Québec. Ma mère a été élevée parmi les parcs et les rues ombragées d'Outremont. Elle passait ses étés dans les villages de l'Assomption, de Sainte-Luce-sur-Mer ou de Sainte-Dorothée. Elle avait pour ainsi dire un orteil en ville et le reste du corps à la campagne. Jeunes mariés, mes parents devenaient les candidats (aujourd'hui, on dirait les « clients ») idéaux pour s'installer dans les banlieues naissantes des années 50. L'urbanisation s'accélérait et Montréal s'étalait. Se mettaient en place les 3 B du rêve américain qui allaient dominer le développement urbain des trente années subséquentes : la bagnole, le bungalow, la banlieue.

Pour mes parents, la banlieue représentait le meilleur des deux mondes. La campagne de leur enfance et la ville du travail se trouvaient réunies sous un même toit. Autour de l'unifamiliale nouvellement achetée se répandaient des champs et du gazon pour regarder grandir la progéniture en toute sécurité. Le travail était à portée d'automobile : quinze minutes tout au plus pour s'y rendre grâce à la construction de nouveaux ponts et de nouvelles autoroutes. Avec ses grands centres commerciaux qui allaient faire leur apparition, la banlieue offrait la possibilité d'être propriétaire à bon marché.

Mais pourquoi parler de la banlieue dans un ouvrage sur Montréal ? Parce que, comme dans toutes les grandes villes du monde, et c'est encore plus vrai pour les villes nord-américaines, la banlieue est le saprophyte de Montréal. Elle enfle à perte de vue et, sans ses banlieues, Montréal ne serait plus Montréal. Étant un pur produit de cette banlieue « soixantarde » qui a sans doute expié sa faute, puisque j'habite à Montréal depuis dix ans, je parle en connaissance de cause. Certes, je traiterai de ma banlieue, de celle que j'ai connue, c'est-à-dire de Laval. Mais elles se valent toutes.

Une enfance heureuse

Mes premiers souvenirs de la vie banlieusarde me viennent des photographies et films en super-8 de mon père. Des rues fraîchement asphaltées, des terrains rectangulaires avec, en plein centre, des bungalows bien plantés. Pas d'arbres, pas de gazon. Que des bungalows ! Pas de trottoirs, ceux-ci ayant été jugés trop coûteux par les nouveaux propriétaires lourdement hypothéqués. Un parc (pour le base-ball, pas pour les arbres), une piscine municipale et le nécessaire centre commercial. La maternelle et l'école primaire se trouvaient au coin de la rue. Il y avait des enfants partout. On en comptait en moyenne trois par familles. À deux pas de chez nous, je connaissais une famille de sept enfants. Nous passions notre temps à jouer dans la rue ou dans les entrées de garage. Les cours ne commencèrent à être utilisées que vers le milieu des années 60, quand les familles se sont équipées de piscines hors terre, dont la première génération était filtrée à la terre de diatomées. Dès lors les enfants se mirent à vivre entre 4 clôtures sous l'œil attentif de mères captives de leur domicile. Les maisons en construction, les champs et, aussi incroyable que cela puisse paraître, la forêt (un boisé pour être plus exact) fournissaient d'autres endroits de prédilection pour nos yeux. La banlieue de ma jeunesse ressemblait encore à la campagne. Aujourd'hui, il faut migrer plus loin, aller en banlieue de la banlieue, pour s'offrir un semblable cadre bucolique.

Mon adolescence fut plus pénible. Vous me direz qu'il s'agit d'un pléonasme. Mais maudit que je me suis ennuyé ! La ville m'aurait s'en doute offert plus d'occasions de dévergondage. C'est à cet âge que j'ai senti que, en plus d'être un pur produit de la banlieue, je servais de cobaye à la révolution scolaire tranquille. Nous n'apprenions ni à écrire ni à lire, mais à nous exprimer. Faute d'avoir accès à la culture livresque classique, nous devions nous rabattre sur la culture de la rue. Certes, nous nous cultivions dans et par la société de consommation. Notre banlieue était un laboratoire extraordinaire. Nous avions accueilli les premiers « fast-food » (MacDonald, Burger King, Mama Bear, PFK, Wendys, etc.), les plus grands centres commerciaux du pays (Carrefour, Hypermarché, Giga Mercado), les premiers MiniPut[1], les premiers centres Citadel[2], les premiers cinémas de 5 salles. Même notre colossale polyvalente avec ses 3 000 élèves possédait des airs de centre commercial. La seule façon de s'y rendre était l'autobus scolaire. Nous n'avions pas tous comme aujourd'hui notre auto à seize ans. Le voyage prenait une demi-heure par beau temps. Nous étions divisés selon un double horaire tellement il y avait d'adolescents qui voulaient (enfin !) étudier. Ceux du matin (sept heures trente à douze heures trente) passaient l'après-midi à écouter les « soap » américains à la télévision. Ceux de l'après midi (treize heures à dix-huit heures) pouvaient regarder les émissions de fin de soirée, telle « Appelez-moi, Lyse ! » C'était notre formation.

1. Jeu de golf miniature.
2. Établissement commercial qui vend des piscines.

Expéditions urbaines

Mes premières expéditions urbaines ont commencé très tôt. On m'amenait dans les grands magasins du centre-ville, entre autres chez Eaton, pour aller m'asseoir sur les cuisses du Père Noël (et faire faire la photo officielle, bien entendu). Cela se passait avant l'avènement des grands centres commerçiaux qui ont permis aux couples des banlieues de ne plus avoir à « descendre » au centre-ville. Je me souviens aussi, alors que j'avais à peine neuf ans, de m'être rendu à l'Expo 67 en métro ou d'être allé chez ma grand-mère maternelle, qui habitait Outremont en face des Clercs-Saint-Viateur.

Montréal était la ville que je voyais du bord de la rivière des prairies, dans laquelle on pêchait des poissons qu'on nous interdisait de manger déjà à cette époque. On allait en ville sans arme blanche mais avec les conseils d'usage sur la prudence. La ville était peuplée de bandits, nous disait-on, mais ils n'étaient pas encore multiethniques. Montréal n'avait pas encore l'air de Rio. Par chance, mes amis et amies habitaient le Marigot à Laval-des-Rapides, près du pont Ahuntsic. Ils m'ont déniaisé en m'initiant à Montréal. Nous partions à vélo. Nous longions les rues, les quartiers, le long du boulevard Gouin et jusqu'au fleuve. On sillonnait Montréal en tous sens. À cette époque je connaissais mieux Montréal que le maire Drapeau, c'est tout vous dire ! À chaque jour, je devenais de plus en plus montréalais, au point que, après un séjour à l'université de Sherbrooke, je décidai de m'y installer définitivement, devenant ainsi un Montréalais indécrottable.

Une culture qui se caricature

Je suis récemment retourné dans ma banlieue natale en empruntant tout ce que cette banlieue compte d'autoroutes et en faisant un grand détour pour me rendre chez ma mère. Quelle expédition ! Depuis dix ans, les arbres, qui ont maintenant poussé, ajoutent un cachet à ces rues trop larges pour que les faîtes parviennent à se rejoindre. La banlieue est belle, calme et encore peu chère au pied carré. Elle offre toujours le meilleur rapport qualité-prix pour une certaine qualité de vie. Les vieux propriétaires, voisins de ma mère, approchent de la retraite. Déjà, certains ont quitté leur bungalow pour aller définitivement habiter dans leur ancien chalet de Saint-Sauveur transformé en résidence principale. Ils font la navette, soir et matin, sur l'autoroute des Laurentides qui, même élargie, ne suffit plus à la tâche. Les nouveaux arrivants, un jeune couple avec un enfant et quart, coupent les arbres mal plantés qui sont devenus trop gros et menacent les fondations de la maison ou la piscine creusée.

Le centre commercial Duvernay entreprend déjà sa troisième phase de développement. Construit au début des années 60 en forme de L à aire ouverte, il était ceinturé par un impressionnant parc de stationnement pour automobiles. Puis vint l'ère du mail couvert offrant un stationnement réduit et entraînant les voitures à déborder sur les rues calmes avoisinantes. Aujourd'hui, on y a édifié un nouveau parking étagé à l'architecture speerienne. Les champs et ma forêt ont disparu pour des bungalows d'un nouveau type, encore plus gros, avec plus de colonnes grecques en devanture, des toits cathédrale, des fenêtres à arche et à manivelle, des garages triples (adolescents motorisés obligent !), revêtements de pavés unis, et piscines hors terre en résine de synthèse. Les cours restent toujourts aussi clôturées, mais les clôtures sont plus hautes qu'auparavant. Les boulevards ont réussi le tour de force de s'enlaidir : une suite sans fin de stationnements avec, tout au fond, un commerce-entrepôt. Pas d'arbres, pas de trottoirs. Le surréalisme des Mange-Bitume qui se concrétise.

Les ados, mes frères et sœurs, leurs voisins et leurs amis font du « centre d'achat » (ou du *scan*[3]), comme on dit d'un robineux[4] qu'il fait du banc. Ils passent des soirées à siroter un café de grain dans un de ces restos-rapides « bio », qui embaument les centres commerciaux. La ville se trouve de plus plus loin, elle fait de plus en plus peur. Ne disent-ils pas à la télévision que Montréal décline ? Même les vidéoclips esthétiques renvoient l'image d'un Montréal « poqué » de bleus. Il existe maintenant une véritable

3. Mot anglais qui signifie balayage. Les adolescents s'installent en voiture dans le stationnement d'un Dunkin Donuts et, à l'aide d'une radio spécialisée, balaient les ondes, à l'écoute des appels d'urgence (police, incendies, ambulance). Leur objectif : arriver sur les lieux du feu ou de l'accident avant les policiers ou les pompiers. Certains prennent des photos ou des vidéos de l'événement qu'ils cherchent par la suite à vendre aux médias.
4. Clochard.

culture de banlieue. Les enfants de la deuxième génération y fleurissent. Leurs parents sont nés en banlieue, ils y ont étudié, ils y accouchent (à en saturer les salles d'obstétrique) et y travaillent, là ou dans une autre banlieue. Les élections opposent les membres de clubs Optimistes aux membres des Kiwanis. Après de nouveaux hôpitaux, les élus réclameront plus de ponts, d'autoroutes, d'usines de traitement des eaux et, pourquoi pas, d'universités. Je le sens, Montréal va se faire siphonner.

Montréal que j'aime et que je hais

J'ai parfois l'impression qu'il ne reste à Montréal que les écrivains, les militants et ceux qui sont forcés d'y habiter (cela comprend les conseillers municipaux qui doivent obligatoirement l'habiter pour pouvoir être élus). Les fonctionnaires de la ville, les organisateurs d'événements montréalais, les journalistes des grands quotidiens, les élites d'affaires ont tous décidé de migrer sur la Rive-Sud ou la Rive-Nord ou à l'Ouest ou à l'Est. Cette élite écologiste cuve le calme de sa cité-jardin. Chaque matin, elle peste contre le manque de ponts et les files interminables d'abrutis qui, seuls au volant de leur bagnole, tentent d'entrer en ville le plus rapidement possible. Et qui, le soir, la quittent en catimini. Et qui, les vendredis soir, y reviennent prendre un verre, assister à des spectacles, se récréer, bref pour y vivre dangereusement.

Ceux qui restent le font par amour et dépit. Les écrivains, parce que cela leur donne de la matière à roman. Je ne connais pas encore de grande fresque romanesque ayant pour siège les centres commerciaux des cités-dortoirs. Les militants y restent pour prouver, même s'il faut souffrir, que l'on peut vivre en ville et y élever sa marmaille.

J'exprimerais par une litote bien québécoise mes raisons d'y demeurer : parce que Montréal n'est pas si laide que cela, pas si effrayante qu'on le dit, et qu'on s'habitue à ses bruits et ses taxes. J'y reste, entre autres, parce que je hais couper le gazon. Mon père nous fouettait tous les samedis matins pour que nous entretenions sa pelouse et sa haie. Je suis masochiste mais pas au point de me contraindre à nouveau à ce supplice. Et pour moi bungalow = gazon. J'y reste aussi par esprit de contradiction, pour ne pas donner raison à mes rares amis banlieusards qui m'assurent que je succomberai à la tentation : « Tu verras, maintenant que tu as des enfants, Montréal te pèsera. » J'y reste parce que, pour moi, le purgatoire consisterait à être pris à passer mes dimanches d'automne en banlieue, à regarder à la télévision une partie de golf ou de base-ball. J'y reste parce que je ne possède pas d'auto et que, c'est bien connu, un Nord-Américain sans auto est moins mobile qu'un Chinois à vélo. À moins, bien sûr, qu'il habite dans un centre-ville. J'y reste parce que je préfère être un ancien Lavallois qui habite Montréal qu'un Lavallois qui se dit montréalais. À la manière d'un scribe qui observerait l'éclosion des bubons dans l'enceinte d'un château assiégé par la peste, j'y reste pour voir Montréal inexorablement décliner en suivant la même pente que ses consœurs, les grandes villes américaines. Pour tout vous dire, j'y reste surtout pour Ma rue Laurier (coin Papineau), pour Ma boucherie, Ma boulangerie, Mes cafés, Mon parc, Ma piste cyclable, Mes voisins.

Suis-je un ingrat de ne pas offrir à mes enfants mieux que ce que j'ai eu ? Alors vive la banlieue de la banlieue, verdoyante, calme et sûre ! J'y cours. J'y cours.

Michel Labrecque

2. *Une île, entre deux rives, entre deux mondes*

Trois cent cinquante ans d'adolescence

Annick Germain

Montréal fête son trois cent cinquantième anniversaire. Sa courte histoire ressemble à ces hivers interminables au terme desquels la nature explose soudain, pour s'alanguir ensuite sous la canicule.

Montréal est une métropole qui a grandi trop vite après une évolution tranquille de près de deux siècles. Aujourd'hui, son avenir de métropole paraît en suspens, au cœur d'un espace politique défavorable. Et pourtant elle possède encore les atouts d'une grande ville sans en avoir les inconvénients, ce qui, en cette fin de siècle, serait plutôt prometteur...

Colonie de peuplement ou d'exploitation ? Cité de Dieu ou tête de pont commerciale ? Si Montréal n'avait pas été fondée en 1642 par Chomedey de Maisonneuve en ce lieu dont Samuel de Champlain avait déjà compris les atouts pour les échanges, le commerce et les transports, elle ne serait sans doute pas devenue l'une des plus grandes villes de l'est du continent nord-américain. Un siècle plus tôt, Jacques Cartier découvre à proximité d'un village d'aborigènes ce point de rupture obligé de la navigation sur un des plus grands fleuves qui soient, le Saint-Laurent. Grâce aux avantages de ce site, Montréal restera pendant longtemps la porte d'entrée principale du trafic commercial intercontinental. Mais l'érection du fortin de Ville-Marie doit aussi beaucoup à la foi de ses fondateurs sous les auspices de la Société de Notre-Dame de Montréal pour la conversion des sauvages de la Nouvelle-France. L'échec relatif des ambitions missionnaires de ces dévots ne mettra pas un terme, tant s'en faut, à la bonne fortune du catholicisme dans la colonie. Montréal est donc dès l'origine une ville aux deux visages, une ville entre deux mondes, une ville à la double identité.

C'est principalement autour de sa fonction de carrefour que va se construire progressivement son développement. Mais si Montréal, d'abord petit comptoir de traite, se retrouve bientôt au cœur d'un véritable empire de la fourrure à l'échelle continentale, elle n'est encore, à la fin du XVIIIe siècle, qu'une ville de taille infiniment plus modeste que celle de ses consœurs européennes qui sont des places de marché : en fait sa superficie ne dépasse guère l'actuel Vieux-Montréal et les faubourgs qui le bordent. C'est que, comme l'a bien montré Louise Dechêne, le commerce des pelleteries exige peu de main-d'œuvre et ne constitue pas un facteur d'urbanisation. Le gros de la population active travaille dans les services administratifs, religieux et domestiques. Le sort de la ville est entre les mains de ce couple étrange que forment les sulpiciens, seigneurs de l'île, et une poignée de marchands entreprenants, d'abord français puis anglo-écossais après la conquête de 1760 qui va faire basculer la Nouvelle-France dans le giron de la Grande-Bretagne.

Le deuxième chapitre de l'histoire de Montréal commence au tournant du XIXe siècle avec l'essor d'un véritable système d'import-export organisé par une bourgeoisie commerçante et financière, à la fois énergique et conservatrice, audacieuse et nostalgique, qui ne rêve que de manoirs en Angleterre tout en conquérant l'Ouest canadien. Le contrôle du trafic commercial avec Londres est également convoité par New York. Pour vaincre leurs rivaux, les marchands montréalais vont devoir se passer de l'aide de l'État pour équiper la ville d'infrastructures portuaires et de transports susceptibles de bonifier le Saint-Laurent comme voie navigable. Cette bourgeoisie d'affaires composée au départ d'Écossais, d'Américains et d'Anglais va se muer rapidement en véritable classe dirigeante, et va lier son sort à celui de la ville en la dotant d'institutions économiques et politiques dynamiques.

Vers le milieu du XIXe siècle, Montréal commence à ressembler à une cité-État, maître de son espace et des règles du jeu. Elle devient même pendant quelques années la capitale des deux Canada. Il est vrai que, à l'époque, la capitale se balade beaucoup avant de se fixer à Ottawa. Montréal est en tout cas la métropole incontestée d'un empire commercial qui se bâtit sur l'association étroite entre la finance, le grand commerce et bientôt les chemins de fer. Cette métropole reste encore une ville de taille modeste, qui n'a pas 100 000 habitants. Son visage anglophone s'accentue avec l'arrivée d'immigrants irlandais fuyant la famine, mais aussi par les investissements réalisés par le patriciat urbain anglo-protestant dans la communauté montréalaise, à commencer par la création de l'université McGill. Le pouvoir municipal est en principe exercé en alternance par un maire francophone et un maire anglophone, mais personne n'est dupe de l'identité ethnoculturelle des véritables dirigeants de la ville jusqu'à l'aube du XIXe siècle.

La seconde moitié du XXe siècle est le théâtre de changements importants qui, loin d'infléchir l'essor de la métropole qu'est Montréal, vont consolider sa centralité. C'est en effet sur les bords du canal de Lachine que va éclore l'industrie canadienne, une industrie tournée vers le marché intérieur, en substitution aux importations de Grande-Bretagne freinées par la nouvelle bourgeoisie industrielle anglaise. La formation de l'État canadien en 1867 s'accompagne d'emblée de politiques protectionnistes destinées à protéger cette industrie naissante, qui, au Québec, est surtout légère (vêtements, chaussures, aliments, etc.). Au début des années 1880, l'industrie de l'équipement ferroviaire et d'autres industries de biens de consommation viendront diversifier et enrichir l'économie montréalaise dont le tiers de la population active travaille désormais en usine. Comme dans de nombreux pays caractérisés par un modèle de développement dépendant, le réseau urbain québécois devient macrocéphale. À la différence de sa voisine l'Ontario, la province de Québec ne possède guère de villes moyennes. Montréal accapare pendant longtemps la moitié de la population québécoise et la moitié des capacités productives, ce qui n'est pas le cas d'une ville comme Toronto.

L'essor du développement industriel n'est cependant pas synonyme de formation d'une bourgeoisie industrielle. L'*establishment* montréalais reste essentiellement mercantile et financier. Le sort des masses ouvrières urbaines n'est donc pas une préoccupation majeure et n'inspirera d'ailleurs pas de grandes réformes sociales. Pourtant les portraits que l'on fait à l'époque des conditions de vie du monde ouvrier en expansion sont plutôt sombres, à commencer par un taux de mortalité infantile très élevé. De plus, l'accélération de l'immigration rurale redonne à Montréal une majorité francophone. Or, ces masses urbaines largement locataires sont encore, vers la fin du XIXe siècle, exclues de la scène politique locale, le droit de vote n'étant réservé qu'aux propriétaires. L'Église a certes su quadriller le territoire de paroisses qui encadrent fort efficacement toutes ces ouailles ! Mais pendant combien de temps accepteront-elles encore de ne pas se reconnaître dans ceux qui dirigent la cité ?

Bossisme et réformisme

Le tournant du siècle est une période fébrile : l'économie prospère, et l'entreprise privée triomphe. Les services publics se multiplient et sont gérés par de puissants monopoles, les spéculateurs fonciers lotissent, le secteur tertiaire se développe. Montréal traverse une période de croissance urbaine fabuleuse à la fois du fait des migrations rurales et intercontinentales, et parce que la ville annexe près d'une vingtaine de municipalités voisines, dont la moitié au cours de la seule année 1910 ! Le paysage social s'en trouve considérablement transformé : la population canadienne-française est maintenant nettement majoritaire et un cosmopolitisme encore timide fait son apparition.

Tous ces changements rapides s'accompagnent d'un certain nombre de tensions nourries par des clivages sociaux, ethno-linguistiques et bientôt politiques. On va en effet assister à l'émergence d'un débat animé entre les partisans du « bossisme » et les partisans du « réformisme », deux formes politiques relativement répandues au niveau local en Amérique du Nord. Il faut rappeler que, en général, le palier municipal n'est pas considéré comme un véritable niveau de gouvernement, et ce même si, au début du siècle, une ville comme Montréal (qui a 0,5 million d'habitants en 1911) gère un budget plus grand que celui de la province. Il faudra attendre la fin des années 50 pour assister à la formation des premiers partis politiques locaux authentiques.

Or les premières décennies du siècle vont être le théâtre d'affrontements politiques qui vont marquer de façon décisive la constitution d'une véritable scène politique municipale. La bataille oppose d'un côté des forces populistes cristallisées par la figure charismatique du petit « boss ». À Montréal, le « boss » est un maire canadien français d'origine modeste (Médéric Martin et Camillien Houde sont les boss les plus célèbres de l'histoire de Montréal) qui, par un clientélisme généreux, parvient à mobiliser les masses francophones dont l'insertion urbaine ne se fait pas toujours aisément. De l'autre côté, les élites, dont les gens d'affaires anglophones, s'organisent en associations pour réformer la politique municipale en faveur d'une plus grande rationalisation de la gestion urbaine, ce qui les conduit à jouer la carte de l'expertise contre le populisme des boss. Ce projet rationalisateur échoue et les réformistes vont se servir du gouvernement provincial pour museler les élus locaux par des mesures qui limitent sérieusement la marge de manœuvre de la municipalité. Dès lors s'instaure, comme l'a bien noté l'historien P.-A. Linteau, un fossé grandissant entre la bourgeoisie d'affaires et les politiciens locaux. Ce fossé subsiste toujours aujourd'hui.

L'échec du réformisme signifie aussi la mort des projets d'embellisement civique dont toutes les grandes villes nord-américaines cherchent à s'enorgueillir, à la suite du succès remporté par le design urbain de la grande Exposition de Chicago. Ce sont plutôt les banlieues qui réussiront à se doter de grands boulevards urbains ou d'édifices publics de prestige. La Première Guerre mondiale vient interrompre brutalement l'euphorie du début du siècle et précipite une série de transformations qui contribueront à détrôner Montréal de son hégémonie canadienne. Le déclin de l'Empire britannique entraîne jusqu'à un certain point avec lui celui de la grande bourgeoisie montréalaise, car désormais c'est avec le capital américain qu'il faut transiger, ce que comprennent rapidement les élites ontariennes. Dès les années 30, la rivalité Montréal-Toronto commence à tourner au profit de cette dernière qui réussit peu à peu à devenir le principal centre financier du pays.

Un deuxième événement vient bouleverser la situation de Montréal et aggraver l'impasse dans laquelle se trouvent la plupart des gouvernements municipaux aux prises avec un cortège de problèmes sociaux. La crise économique de 1929 dévoile entre autres l'impuissance dés élus montréalais, dont Camillien Houde, le boss de l'époque, à soulager la misère des Montréalais. La ville plie sous le poids du chômage, de la pauvreté... et de ses archaïsmes. La philantrophie a ses limites et l'ode à la terre (de préférence éloignée) qu'entonne alors l'Église pour envoyer des fidèles désœuvrés défricher la périphérie du territoire québécois n'est qu'une stratégie de diversion.

Un troisième événement va une fois de plus déclencher une redéfinition des règles du jeu. La Seconde Guerre mondiale fait de Montréal une ville plus orpheline que jamais. Avec près d'un million d'habitants (soit à peu près sa taille actuelle), la ville est, à toutes fins pratiques, privée de leadership. Le populaire et débonnaire Camillien Houde est emprisonné pour s'être opposé publiquement à la conscription de ses concitoyens. Plus question de se battre pour l'Empire ! Il faut dire aussi que les banquiers réclament sa tête depuis longtemps car, comme bien d'autres villes, Montréal sort de la longue crise des années 30 exsangue, incapable de faire face à ses créanciers. Le gouvernement provincial s'empresse donc de la mettre sous tutelle et de se débarrasser du bossisme en instaurant un système politique inédit qualifié de « démocratie tempérée par une représentation corporative ». En gros, le conseil municipal comprendra désormais 3 classes de conseillers : une première est élue par les propriétaires, une seconde par les locataires et par les propriétaires, et la troisième est composée de conseillers nommés par 11 organismes représentant le monde des affaires, le monde ouvrier, celui des universités, le milieu réformiste et... celui des propriétaires. Il faut dire que le corporatisme est dans l'air. Le climat social des années 30 a rendu impérative la recherche d'une troisième voie entre un capitalisme libéral débridé et le socialisme ou, pire, le communisme ! On songe alors à interposer entre l'État et l'individu des corps intermédiaires susceptibles de canaliser la représentation des intérêts dans un jeu non conflictuel de négociations dictées, en principe du moins, par la poursuite du bien commun.

Les années 40 et 50 voient d'ailleurs se déployer une société civile dynamique : groupes et associations se mobilisent fréquemment pour débattre de questions relatives aux grands enjeux urbains de l'heure : l'élimination des taudis, la vocation du centre-ville, la crise du logement, etc. Un groupe de citoyens composé de 55 associations sera même à l'origine du premier projet de rénovation urbaine et de logement social, les Habitations Jeanne-Mance, 800 logements qui seront financés conjointement par les gouvernements fédéral et provincial. Cet ensemble sera le premier mais aussi le dernier grand projet d'habitation sociale dans le centre-ville, car si, à l'aube des années 60 Montréal retrouve enfin et pour longtemps un nouveau genre de boss, il s'agit d'un maire plus sympathique à la cause des commerçants qu'à celle des classes défavorisées ! Jean Drapeau n'aime en effet ni les questions sociales ni les urbanistes. Son administration ne sera pas celle des technocrates. Point de grands plans, de processus complexes d'élaboration de politiques, de procédures démocratiques sophistiquées, de programmes de redistribution des richesses. Ce sera un homme d'idées. Et il en aura plusieurs.

L'entrée dans la modernité

La modernisation de la ville n'est pas un sous-produit de ce qu'on appelle la révolution tranquille des années 60. Dès la fin de la Seconde Guerre mondiale, les idées changent, les projets se multiplient, et la croissance urbaine reprend de plus belle à la faveur d'une expansion économique qui semble ne jamais devoir se terminer. L'omniprésence de l'Église sur la reproduction sociale s'étiole. L'éducation devient le creuset d'une nouvelle classe moyenne qui va progressivement remodeler les institutions collectives et prendre le relais de la religion dans l'encadrement de la société québécoise en s'appuyant sur un État en plein essor. Le nationalisme, jadis au service d'une idéologie ruraliste et rétrograde, change de visage et participe désormais du grand mouvement de rationalisation qui déferle sur la province au service de la technocratie montante. Montréal n'échappe pas à cette vague de modernisation qui accroît la présence des francophones tant dans le secteur public que privé. La ville sera d'ailleurs le théâtre d'affrontements politiques dramatiques entre les deux principales communautés linguistiques, puis plus tard le terrain privilégié visé par les politiques de promotion du français qu'adopteront les gouvernements libéraux et du Parti québécois.

Mais en même temps tout se passe comme si Montréal constituait un sorte d'enclave dans la province, comme si la distance entre la métropole-Montréal et la capitale-Québec augmentait ! Montréal se distingue certes par son bilinguisme et par son cosmopolitisme. Mais, surtout, elle vit à l'heure des ambitions internationales de son maire. Pendant près d'un quart de siècle, Jean Drapeau entraîne

« sa » ville dans une série de grandes aventures qui vont transformer le paysage urbain pour le meilleur et pour le pire. De l'Exposition universelle de 1967 aux jeux Olympiques de 1976 en passant par la construction du métro, « la fierté a une ville » est d'abord un programme politique avant de devenir un slogan publicitaire. Pendant ce temps, la banlieue s'étale, le tissu économique de la ville centrale vieillit et les quartiers anciens enserrant un centre-ville plein de trous se dégradent et se vident.

Ce n'est qu'à la toute fin des années 70 que l'administration municipale se ressaisit. Il est grand temps ; la démographie montréalaise est descendue sous la barre du million d'habitants. Il faut donc à tout prix garder, voire attirer les classes moyennes qui sont en train de faire la fortune de la banlieue. Une série de programmes de revitalisation des quartiers anciens est lancée avec l'énergie du désespoir. Sur le plan résidentiel, l'opération sera très payante : aujourd'hui, le logement à Montréal se porte plutôt bien. Le stock ancien est réhabilité et de nouvelles constructions sont venues compléter la trame des vieux quartiers. Il faut dire que les « gentrificateurs » n'ont pas chômé : tour à tour des jeunes scolarisés mais sans le sou, puis des professionnels aisés sans famille vont envahir les quartiers anciens, s'y installer, rénover les logements et s'y bâtir une image, souvent aux dépens des populations traditionnelles qui n'ont alors d'autre choix que de « s'expatrier ». En revanche, Drapeau laissera à son rival, Jean Doré, en 1986, un bilan économique peu encourageant et un centre-ville aussi énorme qu'informe.

L'administration municipale, qui avait échappé à la vague technocratique des trois dernières décennies, est aujourd'hui emportée par le mouvement. La machine s'est bureaucratisée et le leadership s'est affaibli. Pourtant les défis prolifèrent. Il y a ces banlieues puissantes sur les rives sud et nord qui n'arrêtent pas d'attirer emplois et payeurs de taxes. Ces rivalités ne peuvent être tempérées par une instance métropolitaine d'ailleurs sans grand pouvoir. À tort ou à raison, Montréal a toujours refusé l'idée d'un gouvernement métropolitain. Quant aux gouvernants, ils entretiennent une vision polynucléique de la région montréalaise et ne semblent guère décidés à favoriser la consolidation d'une métropole forte. Enfin, le contentieux constitutionnel et une conjoncture économique particulièrement difficile handicapent lourdement la reconversion d'une structure industrielle désuète et la lutte contre un chômage important.

Pourtant, la performance de Montréal comparée à celles de villes de taille semblable reste intéressante à plus d'un égard. Le cadre extrêmement libéral dans lequel elle a grandi, la forte fluctuation de ses performances économiques, la diversité de ses racines culturelles, la lenteur de son cosmopolitisme et la nature presque charismatique de son leadership politique pendant près d'un siècle expliquent sans doute son allure à la fois hétérogène et humaine. Tout peut lui arriver en cette fin de siècle, le déclin comme la renaissance. Au fond, les crises ont ceci de fascinant : elles sont toujours porteuses de renouveau !

Annick Germain

Le lien américain

Donald Cuccioletta et Albert Desbiens

Américaine, Montréal l'est par sa géographie, son histoire, et par sa façon d'être en général.

Les voyageurs et les observateurs étrangers ne s'y sont généralement pas trompés en soulignant à l'unisson le caractère américain de la ville. Davantage marquée par l'espace que par le temps, par la mouvance que par l'immobilité[1], comme tout le reste du continent et de ses habitants. Raoul Blanchard disait qu'elle était une « énorme métropole invertébrée, vaste comme une province... beaucoup plus tentaculaire que ne le sont Paris et Londres »[2]. Montréal participe donc avec les autres grandes villes d'Amérique à l'américanité du continent tout en étant d'une américanité particulière marquée par l'héritage français de sa fondation. Et ce trait, qui a constitué un atout majeur pour elle, risque, à notre sens, de demeurer la clé de l'avenir et de la pertinence de la ville.

Depuis l'établissement de la ville à un confluent de voies dont l'importance ne se démentira pas, que ce soit à l'époque de la pénétration du continent par les voies d'eau ou à celle des voies ferrées

1. Gérard Bouchard, « L'Historiographie du Québec rural et la problématique nord-américaine avant la révolution tranquille. Étude d'un refus », RHAF, 44, été 1990, p. 199-222.
2. Raoul Blanchard, *Le Canada français*, Paris, Fayard, 1960, p. 274.

ou des canaux électroniques, Montréal a été une ville ouverte sur l'Amérique dont la vie et le développement ont été intimement liés à l'axe nord-sud. Lien avec les colonies anglaises d'Amérique d'abord puis avec les États-Unis ensuite. C'est grâce à ces atouts et à ces liens que Montréal réussira d'ailleurs à s'affirmer, au même titre que Boston, New York ou Atlanta par exemple, comme une des grandes zones urbaines de la côte est du continent.

Habitants de l'Amérique entière

C'est plus particulièrement à partir de Montréal, longtemps ville frontière de la Nouvelle-France et tête de pont du développement naturel de la colonie des fourrures, qu'explorateurs et coureurs des bois se sont lancés à la découverte de l'intérieur du continent, provoquant interaction et affrontement avec la colonisation voisine.

C'est ainsi que le cœur de l'Amérique est largement à l'enseigne de la toponymie française. Marquette, Jolliet, Cavalier de La Salle, Pierre Le Moyne d'Iberville, natif de Montréal et un des plus grands de ces explorateurs et bâtisseurs d'empire, vont nommer et s'approprier provisoirement le centre de l'Amérique. On a établi que les Canadiens de l'époque avaient été présents dans plus d'une vingtaine d'États américains et que des milliers de noms de lieux leur étaient rattachés. De la vallée du Saint-Laurent jusqu'à la Louisiane, la colonie française s'accroît démesurément en fermant les territoires mississippiens à la convoitise des voisins anglais. L'affrontement est vital pour chaque colonisation. Après certains succès initiaux, la colonie française doit s'avouer vaincue mais il n'y a pas de rupture au niveau de l'américanité des Canadiens devenus anglais par la Conquête.

La traite des fourrures reprend de plus belle à partir de Montréal particulièrement. Le contrôle en est cependant passé entre les mains d'une nouvelle bourgeoisie anglophone qui exerce dorénavant une influence déterminante sur la ville. Même après la création des États-Unis et d'une frontière artificielle au sud de Montréal, on continuera de croire que l'on est habitant de l'Amérique entière. En réponse à la crise politique de 1837 et à la crise économique subséquente, des dizaines de milliers de Québécois passent dans les États voisins de la Nouvelle-Angleterre. Le phénomène atteint l'ampleur d'une marée après la guerre de Sécession alors que les filatures américaines offrent des emplois à profusion. Ce n'est qu'avec l'imposition de quotas à l'immigration en 1921 et 1928, et surtout la crise de 1929, alors que la frontière se ferme, que les passages se feront moins faciles et que l'on prendra davantage conscience de la réalité de la frontière.

Les contacts dont nous parlons ici ne sont pas à sens unique. C'est à Montréal que Franklin et les délégués américains séjournent pour tâcher de convaincre les Canadiens de se joindre à la révolte contre la métropole anglaise. C'est à Montréal que Fleury Mesplet, délégué par le Congrès continental de Philadelphie, installe ses presses qui poseront les assises des quotidiens montréalais. Montréal, c'est aussi un lieu de passage privilégié pour une prise de contact avec la réalité du continent. Tocqueville et Thoreau y séjournent pour de brèves périodes, comme aussi Jefferson Davis, ex-président de la Confédération des États du Sud. Ces personnages connus ne représentent qu'une pointe de l'iceberg des contacts suivis et nombreux qui s'établissent entre Montréal et le continent. Lorsque des citoyens de Barre (Vermont) décident, au début du XXe siècle, de se payer un voyage en train vers une métropole où ils pourront se divertir, c'est vers Montréal qu'ils se dirigent. Les aficionados étatsuniens qui se regroupent à Montréal pour le Festival de jazz, les *tiffosi* du Nord-Est qui assistent en nombre au Grand Prix de Montréal, les amateurs de hockey, de tennis ou de base-ball venus du sud et qui se retrouvent au Forum, au stade Jarry ou au Parc olympique reconnaissent aussi ce statut à Montréal.

Montréal compte aujourd'hui parmi les grandes villes nord-américaines de taille moyenne et se classe au dixième rang parmi les grandes régions métropolitaines d'Amérique du Nord. Du sommet du Mont-Royal (dont le parc a été aménagé par Frederic Law Olmsted, créateur de Central Park à New York et visionnaire de l'urbanisme nord-américain), site du gala télévisé en l'honneur de la rencontre des grandes villes du monde (sommet de Montréal, 14-17 octobre 1991), on peut, aujourd'hui comme hier, à la façon de l'abbé Vigneron, apprécier la vue quand : « Depuis la terrasse couverte on promène ses regards sur l'immense panorama qui se déroule, on est bien dédommagé de ses peines : la ville, le fleuve Saint-Laurent, large comme une mer, l'île Saint-Paul, le rapides de la Chine *(sic)*, le pont Victoria, le lac Saint-Charles, la vallée de l'Ottawa, les montagnes du Vermont »[3]. Du belvédère on peut en effet réaliser de quelle façon l'horizon montréalais se noie dans les montagnes de Nouvelle-Angleterre en l'intégrant à la grande région du Nord-Est américain.

Un lien commercial essentiel

À l'instar de Boston, New York et Philadelphie qui comptent parmi les plus importants centres de décision des États-Unis, Montréal occupe une position privilégiée sur des axes de communication qui lui permettent d'influer sur l'ensemble des relations économiques et culturelles de la région. Historiquement, et encore à l'heure actuelle, Montréal demeure toujours le centre névralgique des activités économiques et culturelles du Québec. C'est à Montréal principalement que se prennent les décisions qui affectent l'axe nord-sud. Montréal peut être considérée comme une capitale régionale en rapport étroit avec le *borderland*. Cette zone de contact suivi entre des parcelles de pays de part et d'autre d'une frontière qui finit par créer une entité spécifique[4].

Incontestablement, et de loin, les États-Unis sont notre plus important client pour le commerce international. Bon an mal an ils absorbent plus des deux tiers de notre production et 75 % de ces exportations sont destinées aux régions frontalières du Maine, du Vermont, de New York, du New Hampshire, avec des prolongements vers le Connecticut, le Rhode Island, le Massachusetts, le New Jersey et la Pennsylvanie. Donc l'axe nord-sud développé naturellement et historiquement, et qui servait de base à l'hégémonie économique et culturelle de Montréal, existe toujours. Certes l'économie de Montréal a été mise à mal au cours des dernières années et la ville a subi des tranformations structurelles importantes comme l'ensemble des métropoles nord-américaines. Son industrie manufacturière traditionnelle a pris un coup de vieux et sa position favorable sur des voies de communication naturelle s'est détériorée à

3. Lucien Vigneron, *De Montréal à Washington*, Paris, Delhomme et Briquet, 1895, p. 104.
4. Pour une explication et une illustration du concept de *borderland*, voir McKinsey *et al.*, *Une frontière dans la tête. Culture, institutions et imaginaires canadiens*, Montréal, Liber, 1991.

l'époque de la montée de l'économie globale et de la révolution des transports et des communications. Montréal conserve cependant des ressources humaines et financières considérables qui en font encore un centre potentiellement important. Il y existe toujours des secteurs dynamiques comme l'avionnerie, l'aérospatiale, les télécommunications, les biotechnologies et le secteur culturel qui peuvent être à la base d'une relance qui ferait de nouveau de Montréal un important centre de production de biens et services du nord-est du continent.

Sur ces points d'appui complétés par une approche internationale soutenue par ses fonctions de métropole régionale développées en relation avec les États-Unis, Montréal peut espérer construire un avenir qui lui permettra d'être à nouveau une porte d'entrée sur le continent et de revivifier ainsi son rôle historique. L'avenir appartient désormais aux villes qui attirent le talent, la création, la recherche. Il ne s'agit plus, à long terme, de se concentrer à l'excès sur l'immobilier et les manufactures mais de renforcer les ressources humaines, la matière grise, la formation de la main-d'œuvre. À ce niveau, Montréal, ville universitaire, est capable de dynamiser cette transformation déterminante pour l'avenir. Déjà certaines orientations ont été prises.

Influence culturelle sur les États-Unis

À ce titre Montréal demeure le centre d'une culture cosmopolite à dominante francophone dont le rayonnement est nord-américain. C'est d'ici que créateurs et diffuseurs peuvent exercer une influence sur l'ensemble de l'Amérique. Depuis douze ans déjà le Festival international de jazz de Montréal rayonne sur l'ensemble de l'Amérique comme fidèle héritier du défunt Festival de jazz de Newport. Pendant une dizaine de jours l'ensemble des amateurs de jazz d'Amérique consacrent la ville comme La Mecque du jazz. Cette consécréation s'appuie sur une longue tradition. Déjà, au cours des années 50 et 60, Montréal était comparée à New York à cause des liens créés par les musiciens entre les deux villes. Leonard Feather, un des plus réputés critiques de jazz, souligne que

Montréal peut revendiquer le titre du plus important Festival de jazz en Amérique. Le jazz s'y berce au rythme de Montréal.

Avec le festival Juste pour Rire, Montréal devient, pour un temps, le carrefour du rire et du comique pour l'Amérique et le monde. Une partie du festival est d'ailleurs reprise et transmise aux États-Unis par HBO (Home Box Office), la plus importante compagnie de câblodistribution des États-Unis. Le New Music Festival America, tenu traditionnellement à Brooklyn, s'est déplacé à l'extérieur des États-Unis pour la première fois en 1990 et c'est Montréal qui fut choisie comme ville-hôte, car elle représentait, selon les organisateurs, la ville d'Amérique où la musique « actuelle » était le plus développée. On pourrait ajouter à cela la mise en nomination pour un Emmy (l'équivalent des Oscars pour la télévision américaine) de la troupe montréalaise Carbone 14 pour la présentation de la pièce *Le Dortoir* sur les ondes de PBS (Public Broadcasting Service).

Les affiliés de Burlington (Vermont) et Plattsburgh (New York) du même réseau considèrent d'ailleurs Montréal comme un marché prioritaire concernant les cotes d'écoute et le financement. À cette enseigne ils tiennent même des réunions publiques à Montréal pour consulter les auditeurs sur leur programmation. Une émission comme « The Editors », couvrant les relations Canada-USA, est d'ailleurs produite à Montréal, et Sol (Marc Favreau) donne des leçons transfrontalières de français. Radio-Canada (Montréal) est aussi diffusée à Winooski (Vermont) par un câblodistributeur américain. Toutes ces interactions dans le secteur des communications démontrent bien les liens de réciprocité créés au sein du *borderland*. Dans un sens, l'exposition du musée des Beaux-Arts sur les années 20 ou celle sur Picasso, la présentation des *Misérables* ou du *Phantom of the Opera* à Montréal appartiennent autant aux habitants de cette région qu'aux Montréalais.

Montréal a donc apporté et peut encore apporter dans plusieurs secteurs une contribution particulière qui peut être essentiellement mise en valeur par son insertion continentale. Continuer d'offrir, en se reposant sur ses appuis traditionnels transformés, une vision autre de l'Amérique. En un mot, l'avenir de Montréal passe par son américanité exprimée à travers une diversification de ses activités qui vivifie et affirme son rôle de capitale régionale.

Donald Cuccioletta et Albert Desbiens

L'architecture de l'échange

David B. Hanna

Les multiples cultures qui se sont côtoyées à Montréal ont produit une morphologie urbaine particulière. Le géographe David B. Hanna nous raconte la genèse de cette différence.

Montréal est distincte. Aucune ville ne lui ressemble. Sa majorité française tout au long de ses trois siècles et demi d'urbanisation lui garantissent certes une marque d'individualité par rapport aux géants anglais et hispaniques avec qui elle partage le continent. Mais ce qui la distingue, notamment des autres villes francophones du monde, c'est sa mixité culturelle particulière. Pour la qualifier, il faut d'abord faire référence à une forte présence culturelle anglo-écossaise vieille maintenant de plus de deux siècles et quart ; ajouter ensuite la présence irlandaise, troisième membre du triumvirat culturel montréalais au XIXe siècle. Au XXe siècle, en plus des migrations très fortes d'Anglais et de Canadiens français à Montréal, la ville s'affiche comme pluriethnique, recevant, avec les Italiens et les Juifs en tête, une gamme impressionnante de groupes culturels qui se disputent l'espace depuis presque un siècle et qui se définissent sur une toile de fond déchirée entre la présence française et la présence britannique.

Ville française pendant fort longtemps, Montréal s'est dotée d'une petite élite britannique après la conquête en 1760 (en 1765 la population totale n'est que de 5 700 âmes). Mais au début du XIXe siècle, la présence britannique se retrouve dans une société complexe affichant toutes les couches sociales mais d'origine ethnique anglaise, écossaise et irlandaise. En 1821, la population urbaine regroupe environ 19 000 âmes dont 63 % sont d'origine française et 37 % d'origine britannique. En 1844, une brève période de majorité britannique s'installe ; 44 000 habitants, 43 % chez les Français et 57 % chez les Britanniques, dont la moitié sont d'origine irlandaise. En 1931, alors que la zone urbanisée de Montréal atteint 1 million d'habitants, 60 % sont d'origine française, 26 % d'origine britannique et, phénomène nouveau, 14 % d'origine ethnique autre, principalement juive du nord-est de l'Europe et italienne. À l'heure actuelle, presque deux tiers des 3 millions de l'agglomération de Montréal sont d'origine française. Le restant se partage entre un tiers de Britanniques et deux tiers d'autres ethnies. Rares sont les villes qui ont subi la marque imposante de deux grandes cultures de cette façon quasi stimultanée et en redéfinition constante grâce aux nouveaux apports. Il n'y a pas de doute que Montréal soit vraiment distincte, ce qui a permis à des générations de sociologues, démographes, historiens, journalistes et politiciens de se prévaloir d'un champ en perpétuelle discussion, toujours avec la certitude que le problème ici n'est pas le même qu'ailleurs. Montréal est fondamentalement biculturelle et peut-être en voie de devenir encore autre chose. Et alors ?

Le géométrisme riverain

Mais si cette société montréalaise est si distincte, la question est de savoir si elle a donné lieu à une ville différente sur le plan physique. Est-ce que la morphologie de la ville, est-ce que son bâti traduisent ce contexte social unique par une expression physique qui lui est tout aussi unique ? On évoque la trame des rues, le foisonnement de clochers d'églises, les maisons à logements superposés puis les escaliers en colimaçon comme preuves d'un bâti unique, mais sans grande conviction puisqu'on le mentionne à peine aux touristes. En fin de compte, la trame de rues est perçue comme toute banale, voire tout simplement américaine, les églises comme de curieux monuments d'un passé trop religieux pour un présent si laïque, les maisons à logements superposés comme un résidu encombrant dans une société qui cherche à s'américaniser à la *subur-*

ban dream depuis plusieurs décennies. Alors il ne resterait plus que les escaliers en colimaçon ?... Presque pas puisque la ville de Montréal les a déclarés illégaux à partir de la fin des années 40, question d'incompatibilité avec un climat qui transforme les marches en planches à glace durant l'hiver, aux risques et périls du résident.

Réexaminons la question. La colonisation française a doté le Québec d'une structure d'occupation très particulière : « la « côte » et le « rang ». Structuré le long du Saint-Laurent, le peuplement s'étale sur les rives en villages continus et linéaires. Ainsi, une route (appelée côte) longe chaque bord du fleuve et chacun de ses affluents aussi petits soient-ils. Une fois les berges des rivières occupées, on répète l'exercice au-delà de la première rangée de lots dans un sytème de routes tracées parallèlement aux rivières. Chaque nouvelle rangée s'appelle un rang, et la structure d'occupation des terres impose un géométrisme en relation avec les cours d'eau[1]. Montréal ainsi que sa banlieue la plus importante, Laval, étant sur des îles (île de Montréal et île Jésus), le système des côtes est d'autant plus important pour la structuration de l'espace. On retrouve aujourd'hui parmi ses grands axes urbains plusieurs de ces toponymes anciens, par exemple les chemins de la Côte-des-Neiges, Côte-Sainte-Catherine, Côte-de-Liesse, Côte-Saint-Luc.

Puisque tous les colons cherchent l'accès direct au fleuve, le géométrisme riverain se manifestera par un resserrement des maisons dans l'espace dû à l'étroitesse des lots. Mais, cherchant aussi une protection contre la menace constante d'invasion d'Amérindiens revendiquant leurs terres, la proximité s'impose aussi dans ce système linéaire. Ajouter en plus une colonie blottie contre un hiver long (quatre à cinq mois), très enneigé (en moyenne 307 centimètres par an) et rigoureux (pouvant plonger jusqu'à un minimum autour de moins 30 degrés Celsius en janvier et février) et tout ceci à la même latitude que Bordeaux ou Venise ; il en résulte donc une triple incitation à se rapprocher les uns des autres dans de vraies villages linéaires. À Montréal comme au Québec, le lot aura donc des dimensions particulièrement étroites et profondes, dans un ratio de 1 à 10 en général, qui prête aux futurs espaces à urbaniser une grille de lots très étirée sur des rangées à lignes brisées. L'urbanisation

1. Cf. Pierre Desfontaines, *Le Rang, type du peuplement rural au Canada français*, Québec, 1953 ; et *L'Homme et l'Hiver au Canada*, Paris, 1957, pour la discussion sur la côte.

de ces côtes et rangs à Montréal se fera selon un modèle fort intrigant de mariage d'une tradition québécoise d'origine française et de méthodes urbanistiques britanniques et américaines. La géométrie simple et plus ou moins rectilinéaire se prêtait admirablement à une subdivision rapide en lots urbains. Comme les lots des rangs, les pâtés de maisons seront peu larges mais très profonds. Les maisons seront alignées sur la longueur des pâtés et non sur la largeur. La grille des rues suit fidèlement le patron des côtes et rangs[2].

Mais, l'avions-nous dit, Montréal se distingue du reste de l'Amérique non seulement parce qu'elle est française, mais aussi parce qu'elle passe par une double structure culturelle qui donne lieu à des mariages d'idées et de pratiques tout à fait distinctes. Or, dans cette grille étirée s'impose alors une tradition particulièrement britannique, celle du façadisme et de la séparation des axes de passage (la rue) et des axes de service (la ruelle)[3]. Ainsi, une trame déjà très étroite et étirée se voit doublée d'une structure de ruelles parallèles aux rues, le tout disposé perpendiculairement aux anciens côtes et rangs. Il ne reste donc presque plus d'espace pour des maisons sur les rues transversales (parallèles aux rangs) alors qu'un paysage de façades s'étire à l'infini le long des rues, intercalé de hangars et de garages s'étirant aussi à l'infini le long des ruelles.

Cette grille à la fois rigide par sa géométrie et souple par sa préoccupation topographique n'a rien en commun avec le damier de l'Ouest canadien et américain, ni non plus avec la fameuse grille mécanique et arbitraire de New York. Elles sont toutes deux trop rigides, relevant d'une volonté d'imposition de lots et de rues orthogonales identiques et prolongeables à l'infini. À l'autre extrémité, elle a peu de ressemblances avec la grille plus organique de la Nouvelle-Angleterre, qui relève plus d'une tradition de villages fortement noyautés reliés par des sentiers tordus selon la géographie découpée de la région. On retrouve donc dans cette trame urbaine montréalaise un fort parallélisme avec le mode d'habitat dans le rang rural où le contact social se fait par rapport à ses voisins du village linéaire mais où les contacts avec le prochain rang ou, dans le cas urbain, la prochaine rue, sont particulièrement faibles. À la

2. Cf. Jean-Claude Marsan, *Montréal en évolution*, Montréal, 1974, pour un excellent aperçu global de l'évolution morphologique et architecturale de Montréal.
3. David B. Hanna, « Creation of an early victorian suburb in Montréal », *Urban History Review*, 9 (2), 1980.

« montée », route perpendiculaire peu ou pas habitée, qui relie ici et là les rangs, correspond donc la rue transversale, faiblement habitée, qui ne fait que relier rues et ruelles. Ces rues et ruelles sont donc organisées selon un mode formaliste de l'urbanisme qui préfère le façadisme prestigieux des rues de passage où les fonctions de service sont réservées à la ruelle à l'arrière des maisons.

Les maisons « plex »

Mais si la trame urbaine est distincte et relève d'un alliage culturel original, peut-on dire la même chose de son cadre bâti ? Sa géo-architecture reste à explorer. Depuis le milieu du XIXe siècle, depuis son adhésion à la révolution industrielle, Montréal s'est orientée sur une typologie résidentielle à base de logements superposés. Il n'est pas question ici des maisons de rapport parisiens ou des *tenements* de Glasgow ou New York, ni des fameuses rangées continues d'unifamiliales, de Philadelphie ou de Baltimore. Non, il s'agit de logements allant de trois à neuf pièces, plus ou moins en enfilade, étagés à impériale l'un par-dessus l'autre jusqu'à concurrence de trois logements superposés. Une maison à deux logements superposés s'appelle « duplex » et une maison à trois logements superposés s'appelle « triplex ». Chaque maison s'accote sur son voisin par un mur mitoyen ou contigu. Les maisons « plex » offrent à Montréal un profil de ville à moyenne densité, à échelle humaine, avec des logements confortables offrant vue sur le devant et sur l'arrière du lot, évitant par là même la vie en conciergerie ou dans des tours d'habitation typiques de tant de villes à travers le monde. Ces maisons « plex » offrent une option économiquement et sociologiquement intéressante quand on réfléchit aux deux alternatives : la vie en sardine dans les gros immeubles, ou l'endettement à long terme et l'isolement, principaux défauts de la banlieue pavillonnaire. Il y a même une pratique originale à Montréal qui consiste à garder son loyer en ville et de s'acheter un chalet en villégiature dans le « Nord ».

Il faudrait cependant expliquer le lien entre une géo-architecture unique et cette société à caractère distinct que nous avons identifiée plus haut. Pour y répondre, il faut remonter au moment de l'éclosion d'une économie industrielle à Montréal. Ville mercantile presque depuis ses origines, elle n'avait pas besoin de beaucoup de résidents. Alors une population de 40 000 négociants et d'artisans suffira jusqu'en 1840. Puis, la révolution industrielle atteint Montréal. Des usines offrant des centaines d'emplois (minoteries, chantiers navals, fonderies, fabriques de chaussures ou de vêtements), jusqu'à des milliers même (ateliers ferroviaires), verront le jour. L'immigration britannique et la migration canadienne-française de la campagne répondront à l'offre. Le rythme de croissance annuel est de 5,5 % entre 1821 et 1850 ; il double pendant la décennie suivante. La population passe à un tiers de million à la fin du siècle, atteint le million vers 1930 et puis les 3 millions aujourd'hui. Une crise endémique du logement s'installe.

Rappelons-le, le contexte social de la ville est unique : une majorité canadienne française (44 % en 1850) et une minorité anglo-écossaise presque aussi importante (32 % en 1850). Cette tradition rurale française nous amène la construction pièce-sur-pièce (madriers posés horizontalement entre des poteaux équarris dans une structure rectangulaire), un savoir-faire de petits entrepreneurs ruraux et des réseaux de parenté importants pour compenser le manque de capitaux. Elle installe aussi ses traditions de maison à balcon-perron et de l'escalier extérieur lorsqu'on accède à un logement à l'étage[4]. L'apport des Irlandais par rapport à la conception du logement montréalais est minime compte tenu de leur origine paysanne et de leur arrivée récente. Mais les Écossais introduiront leur tradition d'architecture classique et de logements superposés avec escaliers extérieurs (les *flatted villas* d'Edinburgh). Les Anglais du Nord amèneront, par le biais de l'immense projet ferroviaire du Grand Tronc (GTR), la *Tyneside flat* de la région de Newcastle. Ceci donnera lieu à un grand projet immobilier de logements ouvriers - la « Sebastopol Row » - au quartier Pointe-Saint-Charles en 1857. Il s'agit d'un projet regroupant une série de « quatre-plex » formels, c'est-à-dire des maisons constituées de deux logements jumelés sur deux autres logements, le tout sur deux étages. Ces maisons deviennent le prototype du « quatre-plex » classique des quartiers ouvriers du XIXe siècle.

Finalement, les bourgeois anglais introduisent la fameuse ter-

4. Cf. David B. Hanna, *Montréal - A City built by Small Builders*, thèse de PhD, université McGill, 1986, pour une exploration de l'évolution de l'habitat type.

rasse britannique au décor montréalais, des rangées d'unifamiliales camouflées derrière une façade monumentale si typique de la ville de Bath dans l'Angleterre du XVIIIe siècle et reproduites dans tous les quartiers bourgeois du West End de Londres au XIXe siècle. Ceux de Montréal sont notables par leur style italianisant qui demeurera le vocable architectural dominant pendant longtemps. Il en résulte donc une synthèse architecturale remarquable de quatre-plex ouvriers, doublés de quatre-plex de fonds de cours avec escaliers extérieurs, et de simples duplex. Le cycle de construction de 1867 à 1880 réservera 60 % de sa production aux maisons à logements superposés, principalement des duplex. Le poids de chaque cycle restera du côté des « plex » jusqu'aux années 50, époque où les subventions fédérales au logement individuel pavillonnaire favorisent une tendance au modèle « rêve américain ».

Ce qui est frappant à Montréal, c'est que cette synthèse architecturale soit directement issue de deux des trois grands groupes fondateurs de la ville industrielle. Il est à noter l'adaptation remarquable par la suite de la formule « plex » à partir de ses origines. La grande tradition ultramontaine dans la société canadienne-française, tellement bien symbolisée sur le plan architectural par les églises monumentales de style baroque italien, trouvera son écho dans les duplex et triplex baroques des années 1900-1935. Les Anglais ajouteront leur influence à ces modèles en y amenant à la fois un formalisme georgien et un médiévalisme dans les matériaux issus du mouvement Arts & Crafts, notamment durant les années 20. Puis, la formule « Sebastopol Row » survit, par le biais de gros « cinq-plex » et « six-plex » à trois étages dans les nouvelles banlieues des années 1900-1935. Pendant cette période clé, deux nouvelles populations importantes se joignent au trio montréalais : les Juifs ashkénazes et les Italiens du Sud. Toutes deux se mettent à spéculer rapidement dans l'immobilier, notamment dans le monde des « plex ». Ils s'adaptent vite à la vie en logements superposées, les Italiens allant même jusqu'à remplir ces « plex » de leur famille élargie.

Dans les années 40 et 50, le « quatre-plex » montréalais redevient plus populaire que les triplex et le paysage retourne sensiblement à deux étages. La formule inspirée au départ par la « Sebastopol Row » est modifiée à nouveau avec, cette fois-ci, des garages au sous-sol annonçant l'automobile et de gros balcons-perrons en avant, marque de l'influence rurale canadienne française. Le style est plus fonctionnel cependant et finit même par virer du côté du *Prairie style* de Chicago dans les années 60. Les Italiens, qui sont d'abord passés par la construction routière et ferroviaire et qui ont travaillé sur les chantiers de construction résidentielle pour des promoteurs français et anglais, ont fini par devenir des entrepreneurs en construction résidentielle eux-mêmes ; de surcroît, ils importent les matériaux nécessaires à rendre le logement plus à leur goût avec tuiles et marbre. Le « quatre-plex » et les « multi-plex » de toutes formes convenant admirablement à leur pratique résidentielle familiale et leur prédilection pour la spéculation foncière, les Italiens ont adopté le « plex » montréalais et, dans le contexte des années 70 et 80, lui ont redonné vie encore sous d'autres formes issues des mêmes sources fondamentales. Et la ville distincte se perpétue.

L'histoire est loin d'être terminée. L'engouement pour l'*american dream* en banlieue subit une perte de vitesse due au manque d'intérêt des gouvernements à subventionner de tels espaces et au changement graduel des mentalités. Ce faisant, le « plex » et l'habitat traditionnel montréalais sont en voie de redécouverte. On divise les anciens duplex et triplex en copropriété, ou bien on crée de nouveaux logements appelés « condoplex » offrant un habitat traditionnel mais en copropriété divise. Ces condoplex puisent même parfois dans un vocabulaire architectural à référence traditionnelle grâce aux attitudes du postmoderne. Montréal renoue avec sa spécificité. De surcroît, elle utilise même parfois la vieille méthode de la grille de rue orthogonale mais sans ruelles.

Volens nolens, les populations d'origine française et d'origine britannique se sont regardées en chiens de faïence à Montréal maintenant depuis plus de deux siècles. Elles ont fini par s'influencer l'une l'autre par de multiples pratiques sociales et linguistiques. Mais l'échange n'aurait pas été profond s'il ne s'était pas inscrit dans le bâti montréalais. Or, les rues de Montréal sont une encyclopédie vivante de cet échange. Maintenant que l'impact britannique s'affaiblit et que les emprunts américains tarissent, un nouveau dialogue s'impose avec les autres groupes. La forte immigration ajoutée à la dénatalité québécoise rend cet échange de plus en plus vital. Déjà les Montréalais italiens ont écrit le premier chapitre. Le livre est loin d'être terminé.

David B. Hanna

Les villages de la ville

Gilles Sénécal

Jadis la « ville aux cent clochers », Montréal pavoisait de paroisse en paroisse, chacune revendiquant sa propre personnalité. Aujourd'hui, la nostalgie du quartier est devenue le thème central des revendications urbaines.

Autrefois Montréal présentait l'image d'un enchevêtrement de microterritoires définis par des traits ethniques, linguistiques et sociaux particuliers. Quelquefois quartier, souvent paroisse, l'espace du Montréal populaire confondait les échelles. Mais il suffisait de dire Sainte-Marie, Saint-Louis, Maisonneuve, Rosemont, Saint-Henri, Pointe-Saint-Charles ou Côte-Saint-Paul pour situer le lieu et la manière. Cela correspondait à des univers sociaux, à des paysages, des atmosphères, mais aussi à des gens, à des familles, à des vécus baignant dans la banalité la plus commune comme dans le légendaire le plus poignant. La ville était ainsi découpée suivant des frontières fixées dans les mémoires, formée telle une courtepointe de villages assemblés côte à côte, sans souci d'intégration, fonctionnant dans une relative autonomie, mais dont l'objet premier était de reproduire le monde rural. En ces milieux de vie centrés sur quelques institutions structurantes, dont l'église, autour desquelles s'organisaient la plupart des activités sociales, économiques et culturelles, mais aussi des fêtes et des rituels particuliers, on pouvait croire que le choc de la ville ne s'était pas produit. La nostalgie du rural distillait une certaine forme d'identité et, comme si un état d'équilibre pouvait encore exister, nouait des relations de territorialité.

Une vie communautaire s'établissait, tissée de voisinage, ponctuée de rencontres, vécue en parcours de vie, rendant certaines formes de solidarité possibles. Le modèle rappelle celui de l'enceinte urbaine, qui, à l'instar de la ville médiévale, s'organisait autour d'une place où trônait une institution représentative de la communauté. Le quartier-paroisse était polyfonctionnel et se suffisait à lui-même : on logeait, travaillait et s'amusait à l'intérieur de cet espace chargé de répondre à tous les besoins. Il était aussi une zone industrielle : les luttes ouvrières, la misère même, mais aussi une indéniable fierté ajoutaient un surplus d'appartenance. Les grandes usines et le complexe portuaire agissaient comme de véritables aimants : être d'un quartier se traduisant souvent par le fait de travailler à la Vicker (chantier naval), aux usines Angus ou aux Ateliers du Canadien national (réparation et assemblage du matériel roulant des chemins de fer) et tant d'autres ateliers ou grands complexes manufacturiers, aujourd'hui fermés, toujours présents dans les mémoires. Les cloches de l'église et la sirène de l'usine auront ainsi rythmé la vie des quartiers.

La force des paroisses

Le Montréal des paroisses ne serait-il qu'une image d'Épinal destinée à brouiller une réalité devenue essentiellement urbaine, moderne, inscrite au cœur des forces de l'économie capitaliste, fondée sur l'anonymat et l'individualité, déterminée par l'utilitarisme des rapports sociaux ? Le fait est qu'à Montréal, à l'instar de toutes les grandes villes, la nostalgie de la communauté va de pair avec la complexification de la société. On revient ainsi au doublet société/communauté de Ferdinand Tönnies dont s'inspirent la plupart des théories sociologiques de la ville pour reléguer l'idée de communauté aux oubliettes du monde rural, puisque en totale incongruence avec les nouvelles formes sociales de la vie urbaine[1]. De ce fait, les tentatives de reproduire l'enceinte paroissiale, à l'intérieur du Montréal industriel qui se met en place depuis le milieu

1. Paul Claval, « La théorie de la ville », *Revue géographique de l'Est*, 1-2, 1968, p. 23.

de XIXe siècle, paraissent sans lendemain. Confrontées à la fin d'un monde, celui de la disparition de la société villageoise solidaire, organique, implantée vaille que vaille en ville, les structures cléricales seraient-elles devenues tout à fait impuissantes à encadrer efficacement les échanges sociaux ? Bien sûr, l'esprit religieux, qui avait largement promu l'identité collective autant à l'échelle nationale que locale, se détériore rapidement. L'idée de communauté régresse[2], au profit d'une volonté de modernisation sociale et politique en rupture vis-à-vis de l'ordre social traditionnel.

Et pourtant, la structure paroissiale résiste aux aléas de la société urbaine. Elle ploie sans casser, sous le poids des transformations sociales et économiques en cours, même si ses institutions se révèlent fatiguées et inefficaces. Historiquement, elle fut chargée d'encadrer l'expansion urbaine : en effet, au fur et à mesure que la ville devient une métropole, que l'urbanisation mord sur les marges rurales de l'est et de l'ouest de l'île, puis fonce vers le nord, les quartiers-paroisses s'implantent et imposent leur ordre à la géographie de Montréal. Il faut dire que le contact urbain/rural demeure actif sur l'île de Montréal, jusqu'aux années 50, et qu'il a contribué à la persistance du fait villageois. Autour des nouveaux noyaux urbains, il restait des îlots agricoles, mais aussi des espaces libres que les Italiens s'empressèrent de transformer en jardins. Ce n'est pas un hasard si les premiers Italiens se dirigèrent vers le nord : ils retrouvaient, en terre d'Amérique, à deux pas de leurs usines, des champs à labourer, à semer et à récolter. Ils migreront vers le nord-est en précédant l'avancée urbaine, jusqu'à Rivière-des-Prairies, toujours à la recherche de nouvelles terres libres.

Au milieu de cet ersatz de campagne, le noyau paroissial demeurait un carrefour pour les échanges sociaux, économiques et symboliques. On ne sait pas vraiment les formes de la vie sociale que cela pouvait entraîner. En fait, la sociabilité et le voisinage restent les grandes énigmes du quartier-paroisse montréalais. Il y eut certainement un vécu collectif, un genre de vie propre au faubourg, mais dont les traces se sont effacées[3]. On peut imaginer aisément

2. Colette Moreux, *Fin d'une religion, monographie d'une paroisse canadienne-française*, Montréal, Presses de l'université de Laval, 1969.

3. Lucia Ferretti et Daniel Leblanc, *Cadre religieux et Univers culturel dans une paroisse ouvrière montréalaise : Sainte-Brigide (1880-1914)*, mémoire en histoire, université du Québec à Montréal, 1982.

que de telles sociabilités, inscrites dans des rapports de proximité et de voisinage, ont pu se produire sur une longue période avant de se dissoudre. Dans un tel contexte, le quartier-paroisse n'aura-t-il été qu'une structure transitoire, érigée aux seules fins d'accueillir les ruraux qui débarquent en ville par flopées, et de faciliter leur intégration à la vie urbaine ?

La prophétie de la disparition, à court ou moyen terme, de la vie communautaire et du quartier-paroisse, inscrite dans la logique du processus de métropolisation, s'avère donc hasardeuse à Montréal. En notre ville, l'idée de quartier demeure paradoxalement une constante, certes diffuse en termes matériels et vécus, mais néanmoins en perpétuelle récurrence au niveau des institutions et du discours. On trace ainsi une carte mentale dont toute l'économie repose sur ce que l'on nomme aujourd'hui les « petites patries », au dessein de définir Montréal comme une « fédération de villages » - pour reprendre une expression de l'actuel maire de Montréal -, comme un amalgame de petits Montréal géographiquement bien définis et caractérisés socialement.

Cela séduit indifféremment les acteurs comme les commentateurs, au point de faire l'unanimité et de créer, par le fait même, une sorte de convergence dans l'action, menant à un projet global dont les ramifications touchent à la fois les sphères sociale, politique, culturelle et idéologique.

Car, à bien y penser, la fragmentation de l'espace montréalais en microterritoires a permis à chacun des groupes linguistiques et ethniques de posséder son domaine, réduisant de la sorte les risques de conflits entre les groupes, assurant à chacun la maîtrise de ses propres institutions. On comprend sans difficulté, dès lors, que le modèle du quartier-paroisse sera repris presque intégralement par les communautés ethniques, dans l'espoir de reproduire la triade institutions, identité, territoire. Le cloisonnement institutionnel[4] des différents groupes renforce donc les pratiques et la territorialité et le mécanisme d'appropriation.

4. Paul-André Linteau, « La montée du cosmopolitisme montréalais », in *Migrations et Communautés culturelles*, Institut québécois de recherche sur la culture, coll. Questions de culture n° 2, 1982, pp. 23-54.

Romanciers et militants...

Comment parle-t-on de Montréal ? Les discours issus des sources les plus diverses s'offrent comme une pluralité d'images, de mots et de représentations. Il y a d'abord le plus efficace, le roman, qui consacre beaucoup d'attention aux paroisses montréalaises, à ses lieux de sociabilité, à ses univers sociaux, à ses différences culturelles[5].

Le meilleur exemple en est certainement *Bonheur d'occasion*, de Gabrielle Roy, qui se voulait à l'origine la retranscription romancée d'une véritable enquête de sociologie urbaine prenant le quartier Saint-Henri pour cible. Il faudrait aussi citer *Au milieu la montagne*, de Roger Viau, qui décrit le Centre-Sud durant la Grande Crise, *The Apprenticeship of Duddy Kravitz,* de Mordecaî Richler, qui dépeint l'espace juif du centre-ville, ou, plus près de nous, les chroniques du plateau Mont-Royal de Michel Tremblay[6]. Les *Morceaux du Grand Montréal* de Robert Guy Scully[7] offrent un autre témoignage de l'attachement profond qui unit les romanciers montréalais à des bouts de rue, des quartiers, des espaces communautaires quels qu'ils soient. Le recueil s'ouvre sur une apologie de la ruelle Béliveau du quartier Hochelaga-Maisonneuve, ce « village dans la ville ».

Dans le même ordre d'idées, le mouvement populaire structure son organisation sur le même découpage urbain : il procède quartier par quartier. Il est surprenant de constater que les groupes de gauche des années 60 n'hésitent pas à récupérer le discours et l'espace des quartiers-paroisses. Ils engagaient un projet d'action politique qui, sous l'aspiration de bâtir une nouvelle identité en s'appuyant sur la solidarité ouvrière, pose l'hypothèse que l'autonomie locale coïncide avec la libération du peuple. Les luttes urbaines illuminent ainsi le projet du quartier : on veut vivre et travailler dans le quatier, pour que ne meure pas un monde qu'on dit bâti par nos pères. Il y a enfin les chercheurs et les environnemen-

5. Antoine Sirois, *Montréal dans le roman canadien*, Montréal, Didier, 1968.
6. Roger Viau, *Au milieu la montagne*, Montréal, Beauchemin, 1951 ; Mordecaî Richler, *The Apprenticeship of Duddy Kravitz*, New York, Penguin Books, 2e éd., 1959 ; Michel Tremblay, *La grosse femme d'à côté est enceinte*, Montréal, Leméac, 1978 ; *Thérèse et Pierrette à l'école des Saints-Anges*, Montréal, Leméac, 1980.
7. Robert Guy Scully, *Morceaux du Grand Montréal*, Montréal, Éditions du Noroît, 1978.

talistes qui projettent à leur tour leur vision du monde à travers la notion de quartier.

Figure de proue de ce mouvement urbanistique, le professeur Jean-Claude Marsan[8] insiste sur le thème des « petites patries » lorsqu'il décrit à son tour Montréal comme une « immense accumulation de villes et de villages ». Au dernier relais, les nouvelles structures administratives tels les conseils locaux de services communautaires (CLSC) et les maisons de la culture reproduisent à leur tour l'espace du quartier. Elles vont même jusqu'à en inventer de toutes pièces, comme c'est le cas pour le quartier nouvellement créé et appelé La Petite-Patrie. Sans tradition ni identité, coincé entre Rosemont, Villeray et le plateau Mont-Royal, La Petite-Patrie n'existe que grâce aux instances administratives. En somme, un nouveau système institutionnel vient remplacer l'ancien, dans l'espoir de maintenir vivante une identité locale.

La vie de la communauté a donc pu survivre dans l'espace montréalais, du moins à travers des formes associées au noyau institutionnel telles que l'église (ou la synagogue), les loisirs paroissiaux, l'école et les structures municipales ou le mouvement populaire. Elle se manifeste tout autant dans les lieux de rencontre que sont les épiceries, les restaurants du coin, les tavernes, les salons de coiffure, où s'accomplit le rituel de la parole. Au pas des portes, sur les comptoirs des petits restaurants, dans les allées des parcs, les palabres et les murmures renouent les liens défaits et redonnent un sens à la proximité ; ils actualisent le fait de vivre côte à côte.

La vie sociale s'exprime ainsi à deux échelles : d'abord celle du quartier, organisé comme un système institutionnel et réagissant aux stratégies des acteurs, ensuite celle du voisinage, des flâneries, des rencontres.

L'identité locale est donc diffusée par les institutions, mais est aussi relayée par les formes sensibles de la vie sociale, au gré des émotions partagées qui retentissent le long des parcours[9]. Le quartier, c'est aussi un habitus, des codes, des valeurs, des significations mises en commun.

---

8. Jean-Claude Marsan, *Montréal en évolution*, Montréal, Fides, 1974, p. 38.
9. Voir à cet effet Pierre Sansot, *Les Formes sensibles de la vie sociale*, Paris, Presses universitaires de France, 1986.

De ghettos en villages

Ainsi, on croit retrouver les traits du ghetto, tel qu'il fut décrit par Wirth[10] - bien avant que le terme ne prenne une connotation totalement péjorative -, c'est-à-dire un espace quadrillé par des institutions, dans lequel s'exprime une forte identité collective, où la vie sociale est dense et profonde, où le rêve et l'émotion peuvent encore être partagés. Selon les thèses de Wirth, les institutions du quartier défendent l'idée de communauté tout en cherchant à maintenir leur emprise sur le territoire. Le ghetto de Chicago que décrit Wirth est une sorte de môle urbain où se déversent les vagues immigrantes, qui y trouvent les institutions et les associations volontaires chargées de reproduire l'univers mental de leur culture d'origine, mais aussi, paradoxalement, d'initier le sujet au monde américain.

En fait, les liens de solidarité issus de la communauté organique se dissolvent car, au fur et à mesure que se produit l'avancement social et économique du groupe, l'individu acquiert un nouveau bien-être individuel qui finira par son émancipation à plus ou moins brève échéance. La mobilité sociale se traduit par la mobilité résidentielle : l'individu s'intègre à la société d'accueil et quitte le territoire communautaire. Il laisse le ghetto pour une banlieue. Au terme de cette succession sociale, l'espace résidentiel ne correspond plus au territoire traditionnel.

À Montréal, un peu à l'instar des ghettos de Chicago, les espaces sociaux et ethniques se déplacent simultanément avec l'expansion de la ville, tout comme les individus migrent selon l'évolution de leur statut socioprofessionnel. La mosaïque culturelle est donc en mouvement. Les premières communautés immigrantes venues d'Europe, aujourd'hui dispersées à l'échelle de l'agglomération, seront remplacées au centre-ville par les nouvelles vagues venues du Sud-Est asiatique, des Amérique centrale et latine ou du Moyen-Orient. Encore là, le centre-ville, telle une passoire, ne retiendra que les plus pauvres ou les marginaux, laissant filer ceux et celles qui se seront rapidement intégrés à la vie économique. La distribution des aires sociales dans la ville s'ajuste ainsi aux changements

10. Luis Wirth, *Le Ghetto*, Grenoble, Presses universitaires de Grenoble, 1928, rééd. et trad. 1982.

de statut économique et aux mobilités inscrites dans les cycles de vie (le passage d'un espace socialement différencié à un autre suivant la mobilité sociale).

Après de tels bouleversements, la boucle n'est pas bouclée pour autant : les pratiques sociales, culturelles et affectives viennent reconstruire la territorialité perdue, certes sous d'autres formes, notamment par la constitution d'espaces résidentiels ethniques à géométrie variable, mais surtout en multipliant les parcours de lieux de rencontre, construits en réseaux dichotomisés, en fonction des grappes institutionnelles. Les vieux faubourgs tels Sainte-Marie ou Saint-Henri, les quartiers ethniques comme la Petite-Italie, le parc Extension-des-Grecs ou l'espace juif conservent leur centralité, offrent les sens et les signes nécessaires à la transmission de l'identité ; ils deviennent les nœuds de la trame des lieux, les espaces où il est possible de partager et de ressentir les choses : ils demeurent des repères. Pour quiconque, la distance entre le lieu de résidence et les quartiers d'origine peut être abolie. Encore aujourd'hui, la communauté noire anglophone s'identifie à la Petite-Bourgogne, les Irlandais à Pointe-Saint-Charles ou les Juifs à leurs anciens quartiers de Saint-Louis, de Laurier et du bas Outremont. Il y a même des retours définitifs : des banlieusards reviennent habiter leur quartier d'origine.

Tout le phénomène de « gentrification » - c'est-à-dire le remplacement de l'ancienne population, d'origine ouvrière, par certains éléments de la classe moyenne, surtout des intellectuels et des professionnels — se traduit d'abord par le retour au quartier natal, celui des parents et de l'enfance. Mais ces nouveaux citadins, qui ont connu la banlieue, bénéficiant de revenus supérieurs à la moyenne, changent complètement la nature des lieux.

Il faut admettre toutefois que les quartiers centraux n'exercent pas un attrait suffisant pour justifier un véritable exode de la banlieue vers la ville. La reconquête du centre s'exprime d'une autre façon : on y revient occasionnellement, parfois flâner, assister à un événement ou y fréquenter les cafés ou les épiceries spécialisées. A vrai dire, le quartier est devenu un espace de référence, un lieu d'échange symbolique et peut-être, à la limite, une sorte de sanctuaire.

Le labyrinthe des communautés

Le promeneur de Montréal, le plus attentif comme le plus distrait, remarquera facilement les différents segments de culture, les microterritoires, les petits ensembles institutionnels qui déterminent la présence de groupes particuliers. Il devra toutefois se méfier de ses premières impressions. Il affrontera un espace aux frontières fluides et des milieux de vie de plus en plus dispersés. Son parcours le mènera vers les anciennes aires communautaires, qui ne ressemblent plus à des paysages à vivre, dorénavant construits comme des décors, au risque qu'ils deviennent les miroirs déformants des communautés. Des architectures, des ornements, des aménagements de toutes sortes restituent les archétypes des spécificités culturelles de Montréal. On ne saurait mieux définir ce processus que par le terme d'« artefaction du paysage »[11]. Tels les toits de tuiles rouges, les fausses pagodes et les imitations de portes de la Cité interdite, qui parent Chinatown, les artefacts évoquent les images de la Chine traditionnelle. Il n'en reste pas moins que Chinatown, aujourd'hui éventré par une autoroute et des tours à bureaux, vérolé de parkings et de terrains vagues, n'est plus qu'un axe commercial (la rue de La Gauchetière), où se déroulent encore les sociabilités, les rituels, les retours et les grandes fêtes.

Le regard ne suffit pas pour saisir, derrière les façades des quartiers-paroisses, des espaces ethniques ou du « village gay », les genres de vie, les mentalités et les valeurs responsables de la différenciation entre les groupes et entre les espaces. Il est indispensable, pour aller au fond des choses, à l'aide d'une patiente démarche de terrain, d'entrer dans les domaines du perçu, du sensible, de l'imaginaire. Pour détecter comment les Italiens vivent l'espace montréalais, ne faut-il pas refaire le va-et-vient entre la Petite-Italie, emblématique du passé et gardienne des traditions, et l'espace résidentiel du Nord-Est, témoin de leur réussite sociale et symbole de leur intégration à la vie québécoise et, plus généralement, à un style de vie nord-américain ? Au fil des trajets, la déambulation s'interrompra devant les lieux de rencontre, au rendez-vous des acteurs du fait communautaire, pour s'ébaudir avec les animateurs

11. Augustin Berque, *Acclimater la ville au Japon*, Paris, Centre de recherche sur le Japon contemporain, 1991.

des rituels militants. On sera ému par les conversations animées, les retrouvailles familiales, la solidarité qui y règne, mais aussi par les drames humains qui l'affligent.

Remontant le cours du boulevard Saint-Laurent, on observe les traces laissées par les vagues immigrantes successives. Sur les deux rives, les devantures des commerces affichent les couleurs, les drapeaux ou les sigles des patries d'origine, qu'elles soient juive, grecque, portugaise, ou salvadorienne, hondurienne, libanaise, vietnamienne et de tant d'autres encore. Ce grand boulevard ethnique offre l'aménité des paysages d'Europe et d'Asie, avec ses étals, ses comptoirs, ses marchés. C'est aussi le lieu des métamorphoses ; la tradition rencontre le moderne, l'Europe se mue en Amérique, le tiers-monde se confronte à l'opulence occidentale, le migrant prend racine.

C'est l'arbre des communautés sur lequel se raccrochent Chinatown près du vieux port, les quartiers portugais, grec et juif sur la terrasse entre les rues Sherbrooke et Laurier, plus au nord la Petite-Italie. De là, l'espace ethnique coule le long d'axes migratoires, comme les rues Jean-Talon, du Parc ou Laurier, emportant les populations d'immigration plus ancienne du centre vers la périphérie, les déversant vers Côte-des-Neiges du côté ouest, ou Montréal-Nord et Saint-Léonard du côté est. Véritable épine dorsale des réseaux institutionnels anciens et nouveaux, le boulevard Saint-Laurent conserve toute la centralité du fait communautaire. D'ailleurs les communautés récemment arrivées ont usé d'une stratégie spatiale tout à fait conforme au modèle du réseau : les espaces haïtien ou cambodgien ne calquent pas le patron du quartier, mais disséminent leurs lieux selon une logique spatiale qui repose sur le plan du métro. Près de la station Jean-Talon et du marché public du même nom, les commerces vietnamiens, cambodgiens côtoient les libanais, les syriens.

Sur la route des faubourgs de l'Est, empruntant la rue Sainte-Catherine, l'ex-artère commerciale de prestige, aujourd'hui à l'abandon, le « village gay » apparaît comme un bel exemple de prise en charge par une communauté d'un espace dégradé, de sa rénovation, non sans heurter la vieille population résidente toutefois. Entre les rues Amherst et Papineau, il n'y a pas un fonds de commerce qui ne s'adresse à la population homosexuelle. Là encore les commerces et les lieux de rencontres inventent une manière d'aménager la ville, de s'y comporter et surtout de s'y distinguer. Ici comme ailleurs, la problématique semble la même et on peut penser que le « village » reçoit les nouveaux arrivants, venus de la province, heureux de pouvoir enfin s'afficher sans crainte, mais qui quitteront à leur tour le centre-ville, sitôt intégrés à la grande ville, peut-être pour mieux y revenir en passant. En somme, quartiers, paroisses et villages deviennent ainsi les figures emblématiques d'un imaginaire urbain élaboré sur la métaphore de la communauté.

Lieux sensibles et nostalgie

Montréal vit tous les jours la contradiction d'une métropole de 2 millions d'habitants, qui sont tous d'anciens ruraux, venus du fond des rangs de l'Abitibi ou de la Gaspésie, mais aussi de l'arrière-pays du Molise ou des Abruzzes, pour ne parler que des Québécois et des Italiens, dont l'attrait indéniable de la ville ne parvient pas à enrayer la mécanique utopique du village en ville. Le quartier ressuscite chaque fois qu'on scande son nom, chaque fois qu'une lutte rallume l'identité imbibée de mémoire, chaque fois qu'un flâneur ressent les émotions et les rêves que d'autres ont semés avant lui. En fait, le quartier montréalais se nourrit d'un passé glorieux, celui des grandes industries et des bâtisseurs de ces cathédrales industrielles. Il s'exprime aussi par les fêtes telles que la fête nationale du 24 juin, la procession de la Saint-Antoine de Padoue dans la Petite-Italie, la fête de la Reine à Pointe-Saint-Charles, voire lors d'événements sportifs. C'est aussi le légendaire des personnages illustres : le souvenir des plus grands joueurs de hockey près du Forum, l'ombre du frère André à l'Oratoire Saint-Joseph, ou encore l'image de René Lévesque au Centre Paul-Sauvé les soirs du 15 novembre 1976 ou de la défaite référendaire. Certains lieux témoignent de plus modeste façon de l'histoire des quartiers : la taverne Chez Dagenais dans le quartier Hochelaga, le Caffè Italia de la Petite-Italie, les marchés publics aux noms de Jean-Talon, Atwater, Maisonneuve, ou encore les locaux aux lampes blafardes des mouvements associatifs. On s'y sent porté par une tradition populaire, qui a donné sens et symboles à tout une urbanité locale, qu'on réinvestit et cherche à reproduire, juste pour en assurer la pérennité.

À première vue, on semble assister à des rituels de communauté, voire à un simulacre de territorialité. Si le quartier perd toute référence au vécu, il faut admettre qu'il se recompose grâce à une nostalgie créatrice et féconde, si forte qu'elle rejaillit sur les sociétés urbaines que l'on dit maintenant postmodernes et qui accordent tant d'importance à la qualité de la vie, au paysage, à l'architecture, à la pluralité des formes et des styles. Dans l'horizon postmoderne, on érige en culte les diversités culturelles mais, du même souffle, le rejet du cadre étroit de la communauté devient définitif. La communauté peut bien se passer d'un espace de proximité et de voisinage exclusif. Alors qu'on assiste à la dislocation des habitats particuliers, les institutions et les lieux associés à la communauté perdurent. L'individu arrive alors à concilier identité et individualité : il peut se prévaloir d'une totale autonomie vis-à-vis de la communauté et laisser primer ses choix personnels, sans trahir, par exemple, la mémoire du faubourg ou de la Petite-Italie, sans renoncer à ses parcours communautaires.

Le paradoxe d'une grande métropole composée de villages n'est pas sans receler un certain génie urbain. La résurgence des territorialités de quartier et des espaces ethniques dans la culture urbaine de Montréal apparaît donc, de façon littérale, comme le prolongement d'une tradition populaire ancienne, mais instruit par son actualisation dans une société résolument postmoderne, qui fait de l'émancipation individuelle un thème cardinal. L'identité et le sens communautaire ne s'opposent plus aux conduites individuelles, au contraire elles les alimentent. Chacun peut accomplir ses pèlerinages, se colleter aux rites communautaires, sans s'y fondre tout à fait, en se gardant bien des encadrements rigides. Dans le Montréal d'aujourd'hui, les individus revendiquent leur appartenance, mais d'une manière différente, en choisissant le lieu et l'heure.

Gilles Sénécal

La ville la plus vivable du monde !

Jean-Claude Marsan

En 1990 Montréal a été classée, à égalité avec Melbourne et Seattle-Tacoma, à la première place des 100 villes les plus vivables de la planète[1]. Qu'en sera-t-il demain ?

Montréal est une agglomération guère plus importante par sa taille qu'une centaine d'autres sur la planète. Mais elle a pris dans l'histoire une place particulière, qui est sans commune mesure avec ses tailles successives. N'a-t-elle pas été, au XVIIIe siècle, la capitale mondiale des fourrures, s'arrogeant le leadership dans l'exploration du continent nord-américain ? N'a-t-elle pas possédé, au tournant du siècle dernier, le plus important port intérieur au monde, le second port maritime après celui de New York ? Ne possède-t-elle pas aujourd'hui la ville souterraine la plus développée de la planète, qu'envient des mégalopoles comme Tokyo ?

Beaucoup de ses citoyens et citoyennes se passionnent pour elle, réagissant autant à ses charmes et à ses avantages qu'à ses défauts et difficultés. Ceux et celles qui la visitent sont frappés par son sans-gêne américain mais intrigués par un caractère européen que seules quelques rares villes, à l'instar de Boston, peuvent revendiquer sur le continent. Tous s'accordent sur le fait qu'elle a échappé en grande partie au « syndrome du beigne », qui affecte à des degrés

1. Classement établi par le Population Crisis Committee de Washington.

divers toutes les grandes villes nord-américaines (périphérie éclatée, centre plus ou moins exsangue, marqué par la pauvreté et la violence, dissémination de l'urbanisation à cause des voies d'autoroutes).

Les fêtes qui accompagnent le 350e anniversaire de Montréal cachent mal cependant l'inquiétude face à son avenir. Va-t-elle résister encore bien longtemps à cette maladie typiquement américaine ? N'a-t-elle pas fait le choix, pour absorber le sursaut de développement des années 60, d'un type d'urbanisme qui s'est avéré une bien piètre médecine aux États-Unis et que l'économiste Jane Jacobs a jugé plus pernicieux que le mal à guérir ?

Les années 20

Pour bien saisir l'impact des années 60 sur l'agglomération montréalaise du point de vue du développement et de l'urbanisme, il est utile de jeter un rapide coup d'œil sur l'agglomération des années 20. Les années 20 marquent la fin de la première vague d'urbanisation et de l'âge d'or de Montréal. Cette dernière présente alors des formes et un caractère bien typés, auxquels reviennent incidemment les interventions urbanistiques et architecturales d'aujourd'hui.

Ensuite, avec la Grande Dépression et la Seconde Guerre mondiale, la ville semble vivre au ralenti, sans présenter d'innovations majeures sur le plan de l'aménagement, malgré une augmentation de population de plus de 0,5 million de personnes. À partir de 1950, des changements dans l'organisation spatiale de l'agglomération commencent à se faire sentir. Ils se manifestent dans sa périphérie immédiate, comme à ville Mont-Royal et à ville Saint-Laurent, par des développements domiciliaires de type banlieue : bungalows, *strips* et centres commerciaux. Mais il s'agit là d'un début encore bien timide, en rien comparable à l'étalement des années 60.

L'agglomération des années 20 est solidement structurée selon deux axes. Le premier, le long du fleuve et du canal Lachine, est un axe lourd de développement économique, comprenant les installations portuaires, ferroviaires et industrielles. Perpendiculairement à cet axe, le boulevard Saint-Laurent, la première artère à traverser l'île de part en part, représente un axe léger de développement démographique, principal corridor d'accueil pour les immigrants et les industries légères, et une frontière entre les deux groupes culturels majeurs : les francophones occupant l'Est, les anglophones l'Ouest, autour du Mont-Royal. Montréal est à l'époque, malgré son apparence de gros village, la métropole et le cœur financier incontestés du Canada. Le centre-ville demeure encore en grande partie confiné au territoire appelé aujourd'hui le Vieux-Montréal, débordant de chaque côté des squares où se sont installées entre autres les principales gares d'une ville consacrée plaque tournante de tout le réseau ferré du pays.

À la même époque, la population de la ville dépasse le million mais l'agglomération déborde à peine de l'île montréalaise. L'addition, en 1897, d'une chaussée au pont Victoria, le premier à franchir le fleuve Saint-Laurent (1860), titre de leur sommeil les vieux villages de Longueuil et de Saint-Lambert. Le pont Jacques-Cartier, inauguré en 1930, va contribuer à les rendre encore plus accessibles. Mais leur population ne dépasse pas 15 000 habitants au recensement de cette même année. Même constat du côté nord : l'île Jésus, la deuxième en superficie de l'archipel montréalais, compte environ 20 000 personnes en 1940, la plupart des ruraux.

C'est à partir des années 60 que l'impact de l'automobile et des nouveaux moyens de communication se fait vraiment sentir, en même temps qu'une seconde vague d'urbanisation. Le développement que connaît alors l'agglomération est sans commune mesure avec son rythme de croissance antérieur : il se construit plus de bâtiments à Montréal au cours des quarante années suivantes que durant les trois siècles précédents. C'est aujourd'hui une région urbanisée, totalisant près de 3 millions d'habitants, qui prend la forme d'une étoile. Son cœur, c'est la ville mère et l'urbanisation en continuité sur l'île même, laquelle fournit, avec ses 29 municipalités, la base de la Communauté urbaine de Montréal (CUM, 1 750 500 habitants). Les autoroutes et les ponts aidant, ce noyau urbanisé déborde au nord sur l'île Jésus ; il constitue désormais la seconde ville la plus peuplée du Québec après Montréal (Laval, 285 000 résidents). Même phénomène sur la rive sud, avec des municipalités comme Longueuil, Saint-Lambert, Brossard et d'autres, qui regroupent maintenant plus de 600 000 habitants. Le reste constitue des excroissances urbaines le long des autoroutes qui rayonnent tout autour de ce territoire urbanisé vers les villes périphériques de Saint-Jérôme, Sorel, Saint-Hyacinthe, Saint-Jean, Valleyfield et Lachute.

Réalité paradoxale, en même temps que l'agglomération explose tous azimuts, ce qui reflète une vitalité certaine que viendra confirmer la tenue de l'Exposition universelle de 1967 et des jeux Olympiques de 1976, elle accuse coup sur coup des revers qui menacent les bases traditionnelles de son économie et lui font perdre son titre de métropole du pays au profit de sa grande rivale, Toronto. Ainsi, l'ouverture de la Voie maritime du Saint-Laurent en 1959, laquelle permet aux navires de mer de contourner son port, entraîne la fermeture du canal de Lachine, cœur de la première vallée industrielle du pays. De même, face à une économie qui se mondialise, Montréal assiste impuissante au déclin de son industrie secondaire fondée sur la production de biens de consommation courante (textile, vêtements, nourriture, etc.) et de son élite d'affaires anglo-protestante. Enfin, en parallèle, les francophones du Québec mènent une révolution tranquille qui, si elle est porteuse de promesses pour leur émancipation, n'en demeure pas moins source de tensions et d'incertitudes.

La résistance à la désurbanisation

Sur le plan de la forme urbaine, Montréal ressemble à d'autres agglomérations nord-américaines telles que Boston, Baltimore ou Saint-Louis. Mais, contrairement à la plupart des villes américaines, lesquelles ont connu depuis plus d'un demi-siècle un processus sévère de désurbanisation, elle a conservé, malgré l'impact des moyens de transport et de communication contemporains, un centre très actif et des quartiers traditionnels encore vigoureux, se rapprochant aussi des villes européennes. Cette résistance à la désurbanisation est due à plusieurs facteurs, dont certains s'enracinent dans la géographie et dans l'histoire. Ainsi, la topographie naturelle de l'île montréalaise a favorisé le développement de deux centres-villes successifs, compacts et de bonne densité. Celui de la période industrielle, correspondant en grande partie au territoire du Vieux-Montréal, a acquis une densité substantielle parce qu'il était confiné au dos d'âne du côteau Saint-Louis, enserré entre le fleuve et la rivière Saint-Martin, laquelle a disparu depuis sous la rue Saint-Antoine.

Le nouveau centre-ville, qui prend naissance au début des années 60 avec l'érection de la place Ville-Marie et se prolonge principalement le long du boulevard Dorchester (aujourd'hui René-Lévesque), se développe lui aussi d'une façon assez compacte (et cela malgré la tentative insensée de l'étirer à l'est avec la construction de la Maison Radio-Canada). La raison en est qu'il est freiné au nord par la présence du Mont-Royal et que plusieurs des grands générateurs d'activités du centre des affaires se sont implantés, pour des raisons de prestige, autour de la place d'Armes et des squares Victoria et Dominion. Ces espaces publics hérités du XIXe siècle sont distants l'un de l'autre de moins d'un kilomètre. La densité du nouveau centre-ville, combinée à celle de la rue commerciale Sainte-Catherine, dont le redéveloppement avait commencé au début du siècle grâce à la migration des grands magasins de détail, va assurer un achalandage propice à son animation et la viabilité des transports publics. À partir de 1966, le Vieux-Montréal et le nouveau centre-ville sont desservis chacun par une ligne de métro, distante l'une de l'autre d'environ 600 mètres. La distribution des stations est telle que l'usager n'est jamais guère à plus de trois minutes de marche de l'une d'elles.

Cette proximité des stations va contribuer au développement de la fameuse ville souterraine, principalement vouée au commerce de détail et assurant la sécurité et le confort du piéton. À l'origine, le cheminement piéton intérieur se développe sous la place Ville-Marie, la place Bonaventure, la place Victoria et la place du Canada, en reliant au passage les stations de métro Victoria et Bonaventure. Mais, dans la partie orientale du nouveau centre-ville, la ville souterraine fait l'objet d'une planification appropriée à la fin des années 60. Celle-ci consiste en l'établissement d'un axe de développement fondé sur un cheminement souterrain pour piétons reliant les stations de métro place des Arts et place d'Armes. Aujourd'hui, la place des Arts, le musée d'Art contemporain, les complexes Desjardins et Guy Favreau, et le palais des Congrès ont matérialisé cet axe de développement.

La croissance actuelle de la ville souterraine, s'agrandissant encore avec l'aménagement des complexes Montréal Trust, Centre Eaton et de la promenade de la Cathédrale, suscite des interrogations. N'est-elle pas saturée de commerces de détail ? N'est-elle pas en train de stériliser la vie commerciale au niveau de la rue ? Interrogations d'autant plus pertinentes que les valeurs collectives ont changé. À l'époque de la construction de place Ville-Marie et de place Bonaventure, le mouvement moderne en architecture au Québec nageait en pleine révolution tranquille. Il s'efforçait de rattraper les autres sociétés occidentales. Cette vaste opération de renouveau ne s'est pas faite sans une orgie de démolitions et de gaspillages, lesquels ont contribué à faire émerger les valeurs contemporaines de conservation et de respect du patrimoine urbain. Cependant, en se rapportant aux valeurs des années 60, il ne fait guère de doute que la ville commerciale souterraine, très accessible par le métro et également par l'automobile (chacun des grands complexes immobiliers du nouveau centre-ville possède en sous-sol un vaste parc de stationnement), a assuré un certain contrepoids à l'attrait des centres commerciaux de la périphérie.

La vie de quartier

Montréal doit également sa résistance à la désurbanisation à ses quartiers traditionnels, où les revenus des résidents étaient jusqu'à récemment plus bas que dans la plupart des villes canadiennes. Cette situation, couplée à l'existence d'un système efficace de transport par tramway, a engendré des quartiers d'une densité élevée, bien équipés en services. Par exemple, les quartiers du plateau Mont-Royal (secteur résidentiel de quelque 460 hectares situé à l'est du Mont-Royal et à majorité francophone) affichent au recensement de 1981, malgré des pertes de population de près de 30 % au cours de la précédente décennie, une densité de près de 16 000 personnes au kilomètre carré (en comparaison à une densité moyenne de 6 193 habitants au kilomètre carré pour la ville de Montréal). Une telle densité résidentielle, peu surprenante pour les villes européennes, compte cependant parmi les plus élevées des villes canadiennes et américaines. Elle constituera, à l'instar de celle du centre-ville, un atout pour l'animation et le développement du métro, lequel a transporté depuis 1966 près de 4 milliards de passagers !

Les revenus peu élevés d'une grande partie de la population montréalaise expliquent que le taux de possession d'une automobile demeure très bas jusqu'en 1950. À cette date, seulement 27 % des ménages de la région métropolitaine possèdent une voiture.

Ce taux va cependant doubler en une décennie, passant à 55 % en 1960. La congestion du réseau routier qui en résulte ainsi que la tenue de l'Exposition universelle de 1967 forcent les autorités à adopter rapidement un plan de restructuration. Ce plan vise essentiellement à desservir l'ancien et le nouveau centre-ville par un système d'autoroutes. Relié au nord à l'autoroute transcanadienne et à celle des Laurentides par le boulevard Métropolitain, la restructuration du réseau prend la forme d'un rectangle d'artères rapides encadrant les quartiers autour du Mont-Royal et communiquant au sud avec les autoroutes menant à Toronto, à Québec et dans les cantons de l'Est. Le nouveau réseau d'autoroutes n'a pas fait que canaliser les voitures et les camions. Il a joué un rôle majeur dans la nouvelle répartition des industries sur le territoire, lesquelles ont quitté en bonne partie l'axe lourd de développement le long du port et du canal Lachine pour venir s'installer dans les parcs industriels mis à leur disposition, principalement le long de la Transcanadienne et de l'autoroute Jean-Lesage. Il a favorisé également l'excroissance urbaine et le modèle en étoile de l'agglomération.

Dans l'ensemble, et contrairement à la situation dans de nombreuses villes américaines, les dommages physiques et les ruptures sociales infligés aux quartiers par ce réseau d'autoroutes sont restés heureusement limités. Une des raisons de cette situation est que les quartiers résidentiels de Montréal se sont développés organiquement, sous forme de blocs, à partir de l'ancien découpage territorial hérité du régime français. Le réseau d'autoroutes s'est faufilé entre ces blocs : le boulevard Métropolitain, par exemple, est superposé directement à l'ancien Chemin du roi qui desservait les côtes intérieures de l'île.

Le défi des prochaines années

Dans l'ensemble, donc, Montréal a mieux résisté que d'autres à l'étalement et à la désurbanisation qui rongent les agglomérations américaines. Son modèle en étoile tend même vers une certaine polynucléarisation organique (exemple, la ville de Laval qui regroupe maintenant plusieurs développements résidentiels à l'origine disparates), laquelle est susceptible de limiter les inconvénients de l'expansion à la périphérie. Mais l'évolution en cours de l'agglomération menace toujours la totalité de sa partie centrale. Ainsi, de 1971 à 1989, la population de la ville de Montréal est passée d'un peu plus de 1,2 million d'habitants à 1 million environ, soit une baisse de 17 %, tandis que celle du territoire de la Communauté urbaine a décliné d'un peu moins de 2 millions à 1,8 million, soit une perte de 10 %. Durant la même période, la population du reste de la région métropolitaine s'est accrue de 700 000 à 1,2 million d'habitants, soit une hausse de 70 %.

Il va sans dire que l'on ne saurait désormais dissocier la ville de Montréal de sa région urbanisée et que tout accroissement démographique ou d'emplois dans la région est un gain pour l'agglomération montréalaise dans son ensemble. Il demeure, cependant, que la richesse et la variété des manifestations de la culture urbaine résident encore en très grande partie dans le dynamisme et les équipements de la ville mère. Or, celle-ci non seulement perd des emplois (de l'ordre de 10 % dans l'île de Montréal depuis 1971) et de la population, mais hérite de plus en plus des couches sociales les moins fortunées, comme en témoignent les taux de chômage atteignant 20 % dans plusieurs de ses anciens quartiers industriels.

Certains, à l'instar de Jane Jacobs, considèrent que Montréal est une métropole en déclin parce que son hinterland, qui a déjà embrassé tout le Canada, s'est rapetissé à la dimension du Québec. Il y a beaucoup de vrai dans ce diagnostic et il expliquerait en partie, d'un côté, les aspirations des nationalistes à la souveraineté du Québec et, de l'autre, les tentatives des milieux d'affaires pour développer un Montréal international susceptible d'élargir leur base d'influence et de compenser en partie les pertes dues à l'évolution historique. Sans nier cette réalité, d'autres prétendent que le déclin de Montréal n'est pas fondamentalement différent de celui qu'ont eu à affronter les grandes villes de la côte est américaine, à l'exemple de New York, Boston ou Baltimore, qui se sont retrouvées, après la Seconde Guerre mondiale, avec des structures industrielles obsolètes. Le problème fondamental de Montréal serait sa main-d'œuvre peu spécialisée dans le domaine manufacturier, laquelle est menacée par la perspective du libre-échange continental. Les emplois dans ce secteur, qui comptaient pour 30 % de la masse des emplois en 1986, ont chuté à 20 % en l'espace de cinq ans ! D'où le consensus qui émerge, tant au niveau des dirigeants de la Communauté urbaine qu'à celui des chambres de commerce et des syndicats, d'investir dans la formation d'une nouvelle main-d'œuvre plus spécialisée dans des secteurs fortement automatisés et techniquement avancés (biotechnologie, microélectronique, aérospatiale, informatique, produits environnementaux).

Sur le plan urbanistique, le défi est plus facile à cerner : il s'agit de ramener dans la ville mère les classes moyennes et les emplois porteurs d'une forte valeur ajoutée, en tablant sur la capacité d'accueil et d'attrait du territoire et de ses équipements, existants et à venir. De ce point de vue, les atouts de la ville sont réels, mais de nombreux politiciens provinciaux et fédéraux semblent confondre le rôle moteur de la ville mère avec une supposée prétention à l'hégémonie préjudiciable à l'essor des régions. Quels sont ces atouts ? En premier lieu, Montréal possède dans son ancien axe lourd de développement, situé le long du port et du canal Lachine, plus d'espaces disponibles qu'elle n'en a besoin. Ces espaces, à l'échelle de l'ensemble régional, ont l'avantage d'être situés à proximité du centre-ville et de toutes les infrastructures de transport : port, aéroport, chemins de fer, autoroutes et métro. Ils nécessitent cependant, d'urgence, la réfection des infrastructures héritées du siècle précédent et la décontamination de plusieurs terrains, La ville elle-même est capable d'entreprendre avec ses seuls deniers un tel programme de viabilité (tout en maintenant les taxes à un niveau compétitif avec la périphérie) et doit recevoir à cette fin l'appui massif des gouvernements au plus haut niveau.

C'est sur ce chapitre que l'administration municipale actuelle apparaît la plus faible. Contrairement aux dirigeants de la Communauté urbaine de Montréal, elle ne semble pas avoir une vision très claire et à long terme des enjeux. Malgré le poids politique que peut revendiquer le maire qui, en étant élu au suffrage universel, est théoriquement le politicien le plus puissant du pays, elle ne manifeste aucun leadership dans ce sens. Pire : les hautes sphères gouvernementales se comportent comme si le pouvoir de cette administration était négligeable. Le désengagement récent du gouvernement provincial vis-à-vis des coûts du transport en commun sur l'île montréalaise et l'établissement de l'Agence spatiale canadienne dans la lointaine banlieue (Saint-Hubert), alors que l'emplacement tout désigné se trouvait, pour de multiples raisons, sur le territoire de la ville de Montréal, constituent des indicateurs de la faiblesse de l'administration municipale face aux paliers supérieurs de gouvernement.

C'est dans le domaine de l'urbanisme que les performances de l'administration ont le plus de chance de porter leurs fruits. Car l'attrait de la ville centrale pour la main-d'œuvre spécialisée passe non seulement par la présence d'emplois, par la quantité et la qualité des équipements d'éducation, de santé, de culture et de loisirs, par une vie de quartier tranquille et dynamique, mais aussi par la qualité de l'environnement urbain en général. L'administration du maire Doré est en passe de devenir la première dans l'histoire de la ville à doter l'arrondissement du centre et ceux des quartiers d'un plan directeur. Elle est également la première, depuis belle lurette, à vouloir rénover les places, squares et édifices publics, comme en témoignent entre autres l'aménagement de la place Berri et l'érection du Centre d'archéologie et d'histoire de Montréal. Les résultats ne sont pas toujours probants, mais les intentions sont exemplaires. Quant à la qualité de la vie de quartier, elle a toujours constitué la préoccupation première du Rassemblement des citoyens de Montréal, au point souvent d'occulter l'importance et la nécessité du rôle métropolitain de l'agglomération.

Ce qui est encourageant par rapport au courant d'architecture et d'urbanisme valorisé actuellement, que l'on pourrait qualifier, à la suite de Françoise Choay, de « courant culturaliste », c'est qu'il s'applique, ici comme ailleurs, à mettre en valeur la qualité de l'environnement urbain. Voilà un changement majeur par rapport aux préoccupations urbanistiques des années 60, lesquelles consistaient à résister à l'attrait de la banlieue en « banlieurisant » la ville. Certes la tentation est toujours présente, comme en témoigne la construction de petits cottages jusque dans le giron du centre-ville. Mais la Maison Alcan, qui a assemblé sur la rue Sherbrooke cinq bâtiments patrimoniaux à de modestes structures neuves bien intégrées à leur environnement, dans le but d'en faire son siège social, offre un modèle architectural alternatif à l'arrogance des complexes des années 60, dont le concept consistait à combiner une ou des tours de bureaux anonymes à un centre commercial copié sur ceux de la périphérie.

En urbanisme comme en architecture, on revient aux préoccupations esthétiques des années 20. Un des projets qui a le plus mobilisé les passions ces dernières années fut celui de l'avenue McGill-College, laquelle ouvre, au centre-ville, une perspective unique sur le Mont-Royal. En 1984, des promoteurs immobiliers, avec la complicité de l'administration municipale de l'époque, ont tenté de s'approprier cet espace pour relier, dans un super centre commercial, deux grands magasins de la rue Sainte-Catherine. Aux yeux des Montréalais, la vue de la montagne était plus précieuse que les promesses d'apports économiques, et les promoteurs furent obligés de retirer leur projet, au grand dam de l'administration qui s'était compromise dans cette affaire. De même, le respect de l'environnement naturel fait désormais partie des préoccupations des citoyens. À l'instar de l'administration Drapeau avec le projet de l'avenue McGill-College, l'administration Doré l'a appris à ses dépens à la fin des années 80. Après avoir promis mer et monde avec son plan d'aménagement du Mont-Royal, lequel privilégiait essentiellement l'accessibilité et une vocation récréative, elle dut battre en retraite devant la volonté des Montréalais de conserver avant tout le caractère naturel de cette oasis au centre-ville.

La vie de quartier, l'environnement naturel, la richesse et la diversité de l'expérience urbaine : l'agglomération montréalaise offre tout cela en réalité ou en potentiel, tout en étant une métropole de taille moyenne qui échappe au gigantisme urbain et, pour l'instant du moins, aux luttes raciales et à la violence aveugle qui caractérisent trop de villes américaines. Dans cette optique, le diagnostic du Population Crisis Committee s'appuyait sur quelques facteurs biens réels pour classer Montréal dans le peloton des villes les plus vivables du monde. De plus en plus de personnes se demandent, cependant, pour combien de temps. Non que le potentiel ne soit pas là, mais le leadership politique et le dynamisme économique semblent faire défaut. Cette réalité saute aux yeux de milliers de Montréalais chaque jour devant le spectacle désolant du vieux port. Alors que Boston, Baltimore, New York, Toronto, Vancouver et d'autres villes du continent ont recyclé, au cours des dernières décennies, leurs vieux équipements portuaires, le port de Montréal est en panne depuis une quinzaine d'années malgré l'avalanche de plans et de propositions dont il a fait l'objet. Devant le grand fleuve qui fut à l'origine de la prospérité de la ville, le vieux port demeure à l'état d'abandon, comme une demeure attirante mais devenue trop grande et trop coûteuse à rénover.

Jean-Claude Marsan

Cinquante ans de luttes pour démocratiser Montréal

Bernard Dionne

Depuis 1940, Montréal a connu cinq maires, trois régimes politiques. Elle est devenue la capitale nationale du chômage, assistant, impuissante, au départ des entreprises et à l'exode de sa population. Un espoir : le mouvement de réappropriation de la ville par ses citoyens.

En 1960, une infime minorité de Montréalais élit Jean Drapeau à la mairie de leur ville. Ce dernier est alors à la tête du Parti civique, regroupement de notables locaux qui n'a aucune base militante et qui n'a surtout pas l'intention d'en constituer une... Drapeau reste au pouvoir au cours des vingt-six années qui suivent, centralisant les pouvoirs, décidant du programme, assumant à lui seul la direction et contrôlant les effectifs d'un parti fantomatique mais populaire et populiste. Aujourd'hui, son successeur Jean Doré est à la tête d'un parti, le Rassemblement des citoyennes et des citoyens de Montréal (RCM), qui a pris le pouvoir en 1986, fort de ses 20 000 membres et de la légitimité que lui confère un électorat, que lui donnent 55 conseillers sur 58, et qui se donne pour mandat de redonner la ville à ses citoyens !

En 1960, on parle d'autoroutes, de réforme administrative, du métro, de l'Exposition universelle de 1967 et de gratte-ciel. Aujourd'hui, pistes cyclables, consultation des citoyens, espaces verts, logement social, transport adapté, recyclage, développement économique géré par les groupes communautaires et protection du patrimoine font partie du vocabulaire courant de l'*homo urbanus montrealensis*. Ce qui se cache derrière cette apparente transition en douceur, toutefois, ce sont cinquante ans de luttes pour rendre la ville à ses véritables propriétaires, c'est-à-dire aux Montréalais.

« La ville cristallise toutes les tensions du monde moderne », écrit Christian de Brie[1]. On pourrait ajouter à cela que le politique est le point nodal des affrontements, le plus petit dénominateur commun entre les intérêts et les besoins des hommes. Au cours des années 1940 à 1992, Montréal vit ses contradictions comme autant de transitions, de passages parfois piégés vers la démocratie. Au Montréal de la crise et de la guerre correspond une structure politique féodale-corporatiste, où des patrons (les Américains parlent des « boss » et du « bossisme ») entretiennent des clientèles en retour des votes et d'une participation à un système de gestion personnalisé et arbitraire. La fin des années 50 inaugure le système de la modernité capitaliste individualisante, masquée par le mythe d'un pouvoir individuel autoritaire, celui du roi absolu Jean Drapeau. Les années 70 voient l'émergence d'une tendance collectiviste, dans la foulée des mouvements *politically correct* américains, qui dispute le pouvoir à la technocratie montante. Les luttes des citoyens sont autant de catalyseurs et d'alibis, à la fois, aux changements politiques et sociaux qui marquent l'évolution de Montréal.

1940-1960 :
« féodalité et crime organisé »

La démocratie, à Montréal, n'a que quelques années d'existence. On en cherche en vain les traces dans le modèle corporatiste des années 40-60, en vertu duquel les seuls propriétaires de résidence et de commerce élisent le tiers des conseillers municipaux et participent, avec les locataires, à l'élection d'un autre tiers de conseillers, tandis que le dernier tiers est composé de mandataires nommés par 11 organismes (les universités, les associations de commerce, les syndicats, etc.) où les propriétaires et les grandes associations économiques se retrouvent en majorité. Montréal est alors la proie d'une mafia qui étend son contrôle aux clubs de nuit, à la prosti-

1. Christian de Brie, « L'homme, la ville et la démocratie », in I. Ramonet, J. Decornoy et C. de Brie, dir., « La Ville partout et partout en crise », Paris, *Le Monde diplomatique*, octobre 1991, p. 96.

tution et au jeu, faisant de la ville une étape obligée sur la route des touristes américains et canadiens en mal de sensations fortes.

Au cours de ces années oubliées, le Parti communiste canadien et le mouvement syndical incarnent la tradition militante ouvrière et municipale qui plonge ses racines à la fin du XIXe siècle à Montréal, formant souvent la seule opposition digne de ce nom à l'arbitraire érigé en système à l'hôtel de ville. La poignée de militants communistes canadiens-français coordonne les occupations de logements par les squatters de l'après-guerre, vétérans qu'on laisse sans abri pour prix de leur participation à la défense de la patrie[2]. Du côté syndical, le Conseil des métiers et du travail de Montréal (CMTM), fort de 80 000 membres, regroupe les grands syndicats du bâtiment, de la métallurgie, du vêtement, des chemins de fer, du port, de la chimie et du pétrole ; plusieurs de ces syndicats sont affiliés à la Fédération américaine du travail. Il faut également compter avec le Conseil central des syndicats nationaux de Montréal (CCSNM), porte-parole des syndicats catholiques et de ses 20 000 membres. Les deux organisations syndicales envoient chacune trois conseillers municipaux au Conseil de ville, de 1940 à 1960, même si elles condamnent ce type de gestion corporatiste.

Sur le plan politique, les syndicats sont divisés sur les options qui se présentent à eux : faut-il faire élire leurs représentants à la mairie et au Conseil ? Doit-on plutôt appuyer des candidats populistes ? Ou faut-il carrément préconiser la lutte extra parlementaire ? Le CMTM soutient la candidature de son président, Raoul Trépanier, au cours de l'élection de 1940 à la mairie, mais sans succès. Par la suite, au cours des années 40 et 50, il appuie les candidatures de Camillien Houde, le coloré maire qui fera du populisme une religion, pratiquant un mode d'administration reposant sur le clientélisme et le patronage, tout en laissant le crime organisé mener rondement ses activités lucratives dans un Montréal en effervescence. Lorsque le Comité de la moralité publique, qui rassemble pas moins de 275 organismes religieux, patriotiques et civiques, provoque la tenue d'une enquête publique sur le crime organisé à Montréal, au début des années 50, les syndicats appuient le jeune avocat de

---

2. Voir Bernard Dionne et Robert Comeau, dir., *Le Droit de se taire, Histoire des communistes au Québec, de la Première Guerre mondiale à la révolution tranquille*, Montréal, VLB éditeur, 1989.

la commission Caron, Jean Drapeau, qui se fait élire à la mairie en 1954. Mais les positions antisyndicales de ce dernier viennent en collision avec le programme social-démocrate des syndicats montréalais qui forment un front commun pour revendiquer le remplacement du mode de gestion corporatiste de la ville par un système démocratique, l'élimination des taudis et la construction de logements à loyer modique, la construction d'un métro, la municipalisation des services de transport et d'électricité, et la liberté de diffusion pour les publications syndicales et ouvrières en général. Jean Drapeau est battu en 1957, mais c'est pour mieux s'installer au pouvoir en 1960.

1960-1986 : « monarchie absolue ou bonapartisme » : le règne de Jean Drapeau

Élu en 1960, Jean Drapeau entreprend un règne de vingt-six ans à la tête de ce qui est encore apparemment la métropole du Canada. Le Québec connaît alors des changements importants, sur le plan politique, alors que la « révolution tranquille » met au goût du jour la modernisation de l'État et le rattrapage face aux autres sociétés du monde occidental. C'est la réforme de l'assurance-hospitalisation, la nationalisation de l'électricité, la création d'un ministère de l'Éducation, la multiplication des sociétés d'État. Montréal connaît alors un développement effréné : la spéculation, l'étalement urbain, la prolifération des automobiles et le recours au camionnage commandent la multiplication des autoroutes et des voies rapides. On construit aussi le métro, en vue de l'Exposition universelle de 1967. On érige la place Ville-Marie, le réseau de boutiques et de commerces souterrains, la place des Arts, la tour de la Bourse, la place Bonaventure. Bref, le centre-ville de Montréal devient un immense chantier de construction.

De 1957 à 1974, on détruit 23 234 logements à Montréal, dont la très grande majorité ne sont pas des taudis. Les grandes entreprises immobilières, Trizec, Genstar, Campeau Corporation, Cadillac Fairview, Gulf Oil et Aster, pour ne nommer que celles-là, font la loi et déchirent le tissu urbain au gré des grands projets qui laissent des milliers de familles sur le pavé avec la complicité de technocrates au pouvoir.

Sur le plan politique, Jean Drapeau est réélu triomphalement à chacune des élections, balayant l'opposition lorsqu'il y en a une. La force de ce maire peu ordinaire, c'est d'offrir du rêve à ses concitoyens : il mettra Montréal « sur la carte », c'est-à-dire qu'il fera de la métropole du Canada rien de moins que la métropole de l'Univers, avec son Exposition universelle en 1967 et la tenue des jeux Olympiques en 1976. C'est la fable de la grenouille et du bœuf, et les Montréalais paient encore pour les milliards qui ont été engloutis dans cette démesure.

Déjà, au cours des années 50, les syndicats avaient combattu le maire Drapeau, de 1954 à 1957, en revendiquant un métro, des logements sociaux et une démocratisation des structures politiques municipales. Parallèlement, les œuvres de l'abbé Pierre avaient fait des émules, avec les Chantiers de Montréal, qui regroupaient des étudiants de l'université de Montréal et des collèges classiques, et qui aidaient les pauvres de Griffintown à s'organiser. Les Copains de Saint-Henri, ce quartier ouvrier de Montréal, remettent en question les institutions religieuses et sociales qui maintiennent les pauvres dans leur condition. C'est dans la foulée de leurs actions que des comités de citoyens se forment dans le sud-ouest de la ville, à Saint-Henri et à Pointe-Saint-Charles (1963-1964), puis dans le quartier Centre-Sud, dans Hochelaga-Maisonneuve et Saint-Jacques, et dans Montréal-Saint-Louis, où des organisateurs communistes avaient déjà fait élire un député en 1943 et en 1945. Tous ces quartiers forment une ceinture de pauvreté qui va de ville Lachine, à l'ouest, à Longue-Pointe, à l'est, enserrée par le fleuve Saint-Laurent au sud et la rue Sherbrooke au nord. Tous ces quartiers sont appelés à vivre douloureusement la reconversion industrielle des vieux secteurs mous (textile, vêtements, chaussures) et des industries que l'on croyait éternelles telles que les chantiers maritimes et le chemin de fer.

Au cours des années 60, les syndicats mènent la lutte à la pauvreté et au chômage, de concert avec les organismes traditionnellement voués aux œuvres de charité, tel le Conseil des œuvres de l'Église catholique. Parallèlement, les syndicats effectuent une percée majeure dans la fonction publique, chez les fonctionnaires, les employés d'hôpitaux, les enseignants : il faut savoir que, au Québec, le taux de syndicalisation atteint aujourd'hui presque 40 % de la main-d'œuvre non agricole. De grandes campagnes de mobilisation des militants syndicaux accompagnent alors la « révolution tranquille » et il est certain que ce climat général est propice à une prise en charge politique des problèmes sociaux que l'on connaît alors à Montréal. À l'image de ces étudiants américains qui s'en vont aider les Noirs à s'organiser dans le sud des États-Unis pour réclamer le respect de leurs droits civiques, les animateurs sociaux et les étudiants universitaires québécois « descendent » maintenant dans les quartiers ouvriers de Montréal pour y mener la guerre à la pauvreté : ce sont la Compagnie des jeunes Canadiens (CJC), l'Union générale des étudiants du Québec (UGEQ) et le mouvement des Travailleurs étudiants du Québec (TEQ) qui découvrent la condition sociale des travailleurs, pendant que le Front de libération du Québec (FLQ) fait exploser les premières bombes. Qu'ils soient de tendance universitaire, tel ce Projet de rénovation sociale et urbaine (PRSU), ou religieuse, comme le Conseil des œuvres qui deviendra le Conseil de développement social, qu'ils se traduisent par la mise en place de centres de services autogérés, comme la Clinique des citoyens de Saint-Jacques (1969), qui est partiellement à l'origine de l'implantation des Centres locaux de services communautaires (CLSC) par l'État, ou qu'ils débouchent sur la création de comptoirs alimentaires, de coopératives, de magasins autogérés, de cliniques juridiques, de comités d'éducation communautaire, de comités de défense des droits sociaux, d'associations de locataires, de journaux locaux, de centres de dépannage ou d'information, tous ces mouvements concourent au même objectif : redonner aux démunis leur dignité, réagir collectivement à la marginalisation et à la paupérisation.

Ce travail de sensibilisation et d'organisation dans les quartiers finit par donner des résultats sur une échelle plus large : on assiste alors au passage de l'action sociale à l'action carrément politique. Déjà, les syndicats donnent le ton : en 1965, la Confédération des syndicats nationaux (CSN) lance ses troupes sur un « deuxième front », celui de la consommation et de la qualité de vie, qui transcende les lieux de travail et fait appel à des coalitions entre syndicalistes et militants dans des domaines aussi variés que les assurances, la consommation, le logement, les soins de santé, etc. Que vaut une bonne convention collective de travail, en effet, si les loyers augmentent et que l'espérance de vie dans les quartiers pauvres de Montréal plafonne à soixante-cinq ans (contre soixante-treize dans les quartiers riches) ? Parallèlement, les animateurs sociaux et les représentants de groupes populaires locaux se regroupent, fin 1968 et début 1979, pour construire une alternative politique au pouvoir en place.

FRAP et RCM : réforme ou révolution ?

Déjà, en 1968, une vingtaine de comités de citoyens de la province de Québec s'étaient rencontrés pour mettre leurs expériences en commun. Issus de la tradition de l'action communautaire catholique et de la nouvelle idéologie d'animation, dans la foulée de Saul Alinski et de sa Woodlawn Organization de Chicago, les nouveaux militants concentrent leurs efforts à Montréal, cœur économique du Québec, et s'en prennent au maire Drapeau en tant qu'expression d'un capitalisme sauvage. Les POPIR (Projets d'organisation populaire, d'information et de regroupement) tracent la voie d'un regroupement des forces populaires qui se veut d'abord en marge du mouvement syndical. Puis, un colloque intersyndical de la région de Montréal, en 1970, opère la jonction entre syndicalistes et militants des groupes populaires. C'est l'origine du FRAP, le Front d'action politique, qui regroupe des comités d'action politique des quartiers populaires de la ville, dont le programme est révolutionnaire pour l'époque. Pour le FRAP, en effet, le terrain municipal n'est qu'un prétexte à une action plus en profondeur qui finira bien par ébranler le capitalisme, la ville étant un espace de réalisation et d'accumulation du capital. Le FRAP présente ainsi 31 candidats aux élections municipales de 1970 et il obtient plus de 10 % du suffrage populaire, mais la conjoncture est piégée : c'est la crise d'octobre 1970, au cours de laquelle le FLQ enlève un diplomate britannique, puis un ministre du gouvernement provincial de Robert Bourassa, Pierre Laporte, qui sera assassiné. La loi des mesures de guerre est alors en vigueur et l'armée canadienne effectue des centaines d'arrestations et de perquisitions, tandis qu'un ministre du gouvernement fédéral de Trudeau assimile le FRAP au

FLQ. De fait, l'élection montréalaise se déroule pendant que le président du FRAP, Paul Cliche, est en prison. Le résultat est donc prévisible, le FRAP ne fait élire aucun conseiller et le maire Drapeau est reporté au pouvoir.

Mais la leçon porte fruit : les organisations syndicales et populaires de Montréal se regroupent à nouveau autour d'un programme politique modéré et mieux adapté aux réalités urbaines, au sein d'une nouvelle organisation, le Rassemblement des citoyens et des citoyennes de Montréal, le RCM. Plusieurs de ses dirigeants proviennent du défunt FRAP, du Comité régional intersyndical de Montréal (CRIM) et des comités de citoyens. Il faut également signaler que la base militante du RCM recrute chez les deux principales communautés ethno-linguistiques de Montréal, les francophones dans les quartiers de l'Est et du Sud, les anglophones, dans les quartiers de Côte-des-Neiges, Saint-Louis et Snowdon. À l'élection de 1974, le RCM fait élire 18 conseillers et recueille 44 % des suffrages exprimés. Son candidat à la mairie, le prêtre Jacques Couture, animateur de groupes populaires dans le quartier de Saint-Henri, mène une campagne électorale remarquable, qui soulève l'enthousiasme et remet en question le leadership de Jean Drapeau, qui est toutefois reporté au pouvoir.

1986-1991 : démocratie ou technocratie ?

Il faut attendre 1986 pour voir le RCM prendre le pouvoir à l'hôtel de ville, après deux défaites en 1978 et 1982. C'est l'actuel maire de Montréal, Jean Doré, ancien avocat de la CSN et de la Ligue des droits et libertés, qui réussit l'impossible, porté par un mouvement aguerri et épuré de ses éléments radicaux. Le programme du RCM est ambitieux : créer des arrondissements de quartier, des lieux de démocratie directe, où les citoyens viendraient débattre de leurs problèmes avec des élus. Il faut également ouvrir les portes de l'hôtel de ville, permettre aux citoyens de poser des questions à leurs gestionnaires, publier les projets de règlement, consulter les citoyens sur une foule de projets, bref, il faut rendre la *res publica* accessible.

L'arrivée au pouvoir du RCM est loin d'avoir résolu tous les problèmes de démocratie municipale à Montréal. La nouvelle administration s'est retrouvée presque sans opposition au Conseil de ville. Aujourd'hui, elle navigue sur une mer tumultueuse où les boulets fusent de tous côtés : une coalition de « déçus » l'accusant d'avoir renié les principes à l'origine de la fondation du RCM, une presse jouant le rôle d'opposition et la blâmant continuellement pour ses manies technocratiques et son hésitation à sabrer dans les dépenses à l'heure de la récession.

Quoi qu'il en soit, logement et préservation du patrimoine, espaces verts et développement économique sont autant d'enjeux vitaux pour Montréal ; et c'est à travers les luttes des innombrables comités, regroupements, coalitions et collectifs que s'est dessiné ce que l'architecte Jean-Claude Marsan appelle une idéologie de réappropriation de la ville[3].

Logement et patrimoine : vers la réappropriation

Au cours des années 60, Montréal fut livrée aux promoteurs et aux démolisseurs de tous acabits. Pour construire la place Radio-Canada, on détruisit 1 200 logements et on coupa un immense quartier en deux, tout en provoquant une « gentrification » de sa population. On gaspilla des milliers d'autres logements pour faire place à l'autoroute est-ouest, au palais de justice, à la place des Arts, et tout cela eut pour effet de détruire le tissu social et culturel de dizaines de quartiers. Bien entendu, on reconstruisit, mais beaucoup moins de logements et, surtout, on fit place aux condominiums, ces appartements luxueux que l'on érige dans des tours, comme le projet Concordia Estates, avenue du Parc, au mépris total du style architectural de ces quartiers. La lutte des Comités de citoyens de Milton Park permit tout de même l'émergence de coopératives d'habitations, voisinant les condos dans les tours.

C'est contre ces gestes de destruction et cette idéologie de la croissance à n'importe quel prix que les comités de citoyens, les

3. Jean-Claude Marsan, *Montréal, une esquisse du futur,* Québec, Institut québécois de recherche sur la culture, 1983.

groupes de locataires et les défenseurs du patrimoine se sont mobilisés, cette fois au nom d'une idéologie de réappropriation de la ville. Parmi la floraison de groupes qui se manifestent alors, certains investissent leur énergie dans la défense des locataires et des assistés sociaux : l'Association des locataires du Montréal métropolitain engage 105 permanents, au début des années 70, qui forment des associations de locataires dans une vingtaine de quartiers de Montréal, tandis que l'Association des droits sociaux du Montréal métropolitain (ADDSMM) prend en charge la défense des assistés sociaux, notamment en matière de logement. D'autres se mobilisent contre les projets des entreprises capitalistes et contre les politiques de développement urbain de l'administration Drapeau. Le Comité des citoyens de Milton Park contre le projet Concordia Estates (1968-1973) ; la mobilisation populaire contre la construction de l'autoroute est-ouest (1970-1971) ; la bataille pour la protection du carré Saint-Louis (1974-1976) ; la mobilisation pour empêcher la démolition de logements appartenant à un concessionnaire automobile, Clermont Motors (1976) ; la dénonciation des conditions d'habitation aux Habitations Jeanne-Mance, une HLM construite à la fin des années 50 ; la lutte pour un contrôle des loyers (depuis 1969) ; le combat des citoyens de la Petite-Bourgogne pour la rénovation du quartier (1965-1967) ; toutes ces luttes sont conduites par plus d'une centaine de mouvements de base, selon les enquêtes effectuées par le politologue Jean-François Léonard, l'historien Jean-Pierre Collin et le chercheur Jacques Godbout.

Il se dégage donc un portrait éclaté de l'action communautaire en milieu urbain montréalais. Toutefois, certains groupes, créés au cours des années 70, symbolisent la lutte pour la réappropriation urbaine. Il s'agit d'Espaces verts et de Sauvons Montréal, d'une part, et de regroupements plus militants comme le FRAPRU (Front d'action populaire en réaménagement urbain), d'autre part. Espaces verts est fondé en 1971 et se propose de préserver le grand séminaire de Montréal appartenant au domaine des sulpiciens, rue Sherbrooke, et classé monument historique. En 1976, il coordonne la lutte d'une centaine d'organismes populaires contre le projet du maire Drapeau d'ériger un « village olympique » moderne dans le parc Viau, structure élégante mais complètement décrochée de la réalité architecturale et sociale de ce quartier de l'est de Montréal. Quant à Sauvons Montréal, fondé en 1973 comme fédération d'une vingtaine de groupes de citoyens luttant pour la préservation du patrimoine - notamment contre la démolition inutile et sauvage de la superbe maison Van Horne -, il contribue puissamment à la redécouverte du patrimoine par les gens de Montréal. Il ne se contente pas de lutter pour la préservation des sites ou d'éléments architecturaux originaux, tel le couvent des Sœurs grises, qui ne sera pas démoli grâce à son action, mais il s'intéresse également au cadre de vie des quartiers traditionnels et à la mise en valeur du vieux port. Le FRAPRU, enfin, critique l'ensemble de la politique d'urbanisme à Montréal et intervient encore aujourd'hui dans les batailles pour la redéfinition de cette politique.

D'ailleurs, au cours de ces années, les citoyens eux-mêmes prennent en main la lutte pour la mise en valeur de leur cadre de vie. C'est ainsi que les 12 000 Portugais du pittoresque quartier Saint-Louis rénovent un important stock de logements aux couleurs vives. Les coopératives d'habitation prolifèrent. On en compte maintenant 250, dont une quarantaine sont regroupées dans une Fédération des coopératives d'habitation de l'île de Montréal (FECHIM). À un autre niveau, certaines artères commerciales sont mises en valeur par des associations de commerçants, les SIDAC (Sociétés d'initiatives et de développement des artères commerciales qui regroupent les commerçants d'une rue), qui cherchent à freiner l'exode des consommateurs vers les grands centres d'achat des banlieues comme Laval et Brossard.

Ce sont ces groupes qui ont porté le RCM au pouvoir et contribué à la formulation de son programme politique. Le bilan du RCM en matière de logement est impressionnant à plus d'un titre : plus de 28 000 logements neufs, une politique de logement social qui soulève les critiques des bien-pensants, certes, mais qui part d'un principe d'équité envers les citoyens à faibles revenus et les immigrants, et une planification du développement urbain qui met un frein aux démolitions sauvages que connaissait Montréal au cours de l'ère Drapeau. Aujourd'hui, Montréal compte 26 504 unités de logements dans les HLM, qui exercent une pression à la baisse sur les loyers et fournissent un indispensable service à une proportion grandissante des locataires montréalais.

Cependant, le RCM n'a pas toujours tenu ses promesses. Les citoyens ont même dû combattre certaines des décisions de l'administration municipale, notamment dans le cas de l'îlot Overdale, où l'on a démoli 107 logements et chambres à loyer modique au centre-ville pour faire place à un projet de deux tours de 37 étages pouvant accueillir 650 condominiums de luxe : or, quatre ans après les démolitions qui avaient entraîné une mobilisation des citoyens et des organismes comme le FRAPRU, des arrestations, des manifestations et des occupations, les promoteurs de ce projet viennent de se voir retirer le permis d'exploitation... La ville peut ainsi corriger son erreur, rebâtir des logements et réintégrer les anciens locataires d'Overdale.

Enfin, signalons avec Jean-Claude Marsan les faiblesses de cette idéologie de réappropriation qui s'est développée au cours des années 70 et 80 : un certain risque de stérilité guette en effet une attitude qui, par définition, se moque du pouvoir et laisse aux seuls promoteurs les thèmes du développement à long terme de la ville. L'engouement pour le quartier peut se faire, en effet, au détriment d'une politique de développement du centre-ville qui se dépeuple actuellement et risque de devenir un secteur fréquenté par les seuls sans-abri et autres rejetés d'une société en crise économique permanente.

Le virage vert : humaniser la ville

Le mouvement de réappropriation de la ville accompagne un autre mouvement, mondial celui-là, cette prise de conscience de la précarité de l'environnement, menacé par la pollution, l'effet de serre, le développement industriel sauvage, la dictature de l'automobile et l'ensemble des habitudes de consommation marquées au coin du gaspillage énergivore. Ce n'est pas pour rien que le groupe Espaces verts s'est donné un tel nom : il fallait associer la qualité de la vie urbaine à la nécessaire reconquête des espaces verts, des parcs, des sites naturels, que sont toujours le Mont-Royal, le fleuve Saint-Laurent et la rivière des prairies, qui procurent à Montréal cet incroyable environnement qui fait l'envie de plusieurs de ses rivales.

Au cours des années 50, en pleine idéologie de la croissance effrénée, les Montréalais ont vu se dégrader leur environnement sans lever le petit doigt pour éviter l'irréparable, tout simplement parce que, dans ce temps-là, la conscience environnementale atteignait le degré zéro. On utilisait de l'essence au plomb, à quelques sous le litre, on jetait les huiles usées dans le fleuve ou dans le sous-sol, on utilisait des pesticides dévastateurs avec allégresse, on jetait les carcasses des voitures et les pneus usagés dans le champ du voisin, et on croyait que les déversements massifs de produits toxiques dans les Grands Lacs et dans le fleuve n'auraient que peu d'effets sur la qualité de l'eau. On assista donc à la fermeture de la trentaine de plages publiques que comptait Montréal, pendant que se multipliaient les piscines privées et chlorifiées dans les cours des maisons unifamiliales qui se construisaient en banlieue.

Espaces verts sonna la fin de la récréation. Accès au fleuve revendiqua l'ouverture de la ville sur le fleuve et le droit pour les citoyens de pouvoir contempler et utiliser le fleuve. Le Monde à bicyclette et Vélo Québec réclamèrent des pistes cyclables, le droit de transporter son vélo dans le métro à certaines conditions, une sécurité accrue pour les cyclistes au centre-ville, l'accès aux ponts, l'aménagement de parcours agréables le long du fleuve, du canal Lachine, de la rivière des prairies, des rue Christophe-Colomb et ainsi de suite. Du temps de l'administration Drapeau, il fallut se battre, revendiquer, hurler parfois, pour se faire entendre. Mais le mouvement était irréversible et l'administration Doré a continué le travail amorcé en accélérant le processus de libération de la rue au profit des cyclistes. Chaque année, des dizaines de milliers de cyclistes font la fête au cœur de la ville et prouvent que, même au nord du 42e parallèle, on peut se déplacer autrement qu'en Buick. Quant aux transports en commun, ils sont l'objet d'une lutte qui dure depuis la fin des années 40. Aux syndicats qui réclamaient le métro, les autorités répondaient par la construction des autoroutes. Et depuis la mise en place du réseau souterrain, on ne cesse de multiplier les incitations à utiliser la voiture : les espaces de stationnement se sont multipliés au centre-ville, en surface comme en hauteur, et on ne voit pas le jour où le métro de Laval viendra décongestionner la circulation en provenance du nord de la rivière des prairies.

Pendant ce temps, les tarifs augmentent, l'endettement de la Société des transports de la Communauté urbaine de Montréal atteint un seuil intolérable, les services sont réduits, et de moins en moins d'usagers ont recours à ce service pourtant essentiel : de fait l'automobile gagne du terrain, l'autobus et le métro n'assurant plus que 28,7 % des déplacements motorisés sur l'île de Montréal en 1990, contre 38,5 % en 1982. Le dossier des transports en commun est le théâtre d'une autre belle contradiction : les syndicats des employés d'entretien et de chauffeurs ont multiplié les grèves sauvages depuis vingt ans, privant les citoyens de ce mode de transport aux pires moments de l'année, en pleine tempête de neige à Montréal par exemple, et paralysant toute circulation. L'État a dû légiférer et encadrer l'exercice du droit de grève, mais le mal est fait et le public accepte de plus en plus difficilement les revendications des travailleurs des transports en commun, forçant le RCM, qui était pourtant le produit d'une alliance des syndicats et des groupes populaires, à réprimer cette expression d'un nouveau corporatisme.

Le développement économique autogéré

Au cours des années 60 et 70, le credo des groupes populaires et syndicaux en matière de développement économique peut se résumer aux formules suivantes : « Que les riches paient ! » « À bas le capitalisme », « L'État, rouage de notre exploitation » : pas question, donc, de participer à l'activité économique avec les capitalistes qui, de toute façon, étaient américains, britanniques, allemands ou... français. La reprise en main de l'économie par des intérêts canadiens-français, à la faveur de la « révolution tranquille » et de la création d'entreprises étatiques québécoises, changea cette perception. De plus, les crises économiques de 1973 et 1982-1983, et le recul du « socialisme réel » et des idéologies gauchistes contribuèrent à ouvrir bien des yeux : le développement économique, si on veut qu'il serve aux citoyens et aux travailleurs, doit être pris en charge par ces mêmes citoyens et travailleurs. On vit alors la Fédération des travailleurs et des travailleuses du Québec (FTQ) créer le Fonds de solidarité, émettre des actions, amasser du capital et investir dans les entreprises pour sauvegarder ou créer des emplois.

Sur le terrain proprement municipal, on assista à l'émergence d'une nouvelle vision du développement économique et communautaire, qui passe maintenant par les nouvelles Corporations de développement économique, les CDEC. Nées en 1984 dans les quartiers défavorisés de la ville, les CDEC ont bénéficié d'un solide coup de pouce du Parti québécois, alors au pouvoir à Québec, et du Fonds de solidarité de la FTQ. Le principe est simple : on réunit les agents économiques et sociaux d'un quartier autour d'objectifs de développement économiques communs, où la recherche d'un profit et d'une croissance économique ne se fera pas au détriment de l'environnement, des services sociaux et de l'intégration de toutes les catégories de citoyens dans le tissu urbain. Ces CDEC existent maintenant dans plusieurs quartiers de la ville, et une dizaine sont en voie d'être formés sur le modèle américain des Community Development Corporations (CDC) ou Neighbourhood Development Organizations (NDO), qui sont caractérisées par trois aspects majeurs selon Pierre Hamel, vice-doyen de la faculté d'aménagement de l'université de Montréal : un contrôle démocratique du développement économique, par le biais d'une participation active de tous les acteurs locaux ; une volonté de considérer le développement économique dans son ensemble, comme un tout social, économique et culturel ; un engagement à travailler dans les quartiers les plus démunis, les plus pauvres de la ville[4].

Bien sûr, les CDEC, le Fonds de solidarité, les sommets socio-économiques où les syndicats prennent place aux côtés des patrons pour parler de la relance économique de l'est de la ville sont des initiatives valables, mais elles ne peuvent cependant changer à elles seules le portrait d'une ville en profonde mutation socio-économique. Ce qui est certain, c'est que l'implication des citoyens, la coopération entre acteurs sociaux et entrepreneurs privés, la concertation entre syndicats et patrons ne peuvent pas nuire. Le Forum pour l'emploi, le développement des coopératives de production, le Front commun pour le maintien des emplois dans l'est de Montréal, autant de mouvements qui témoignent de cette reconquête de leur dignité par les travailleurs montréalais. Mais le danger demeure, encore une fois, que les jeunes, les immigrants, les femmes soient laissés pour compte dans cette belle saga qui prend parfois le long détour technocratique avant de donner des résultats tangibles.

4. Pierre Hamel, *Action collective et Démocratie locale. Les mouvements urbains montréalais,* Montréal, Presses de l'université de Montréal, 1991.

Le pari de la démocratie devient de plus en plus exigeant dans la ville moderne. Il transcende, et de loin, le simple exercice démocratique traditionnel, et il questionne l'ensemble des pratiques sociales. C'est pourquoi ce qui se passe à Montréal depuis cinquante ans est très important et peut, à la limite, servir de modèle ou de point d'ancrage à une redéfinition des enjeux urbains. En effet, la citoyenneté nouvelle qui s'affirme au travers de ces luttes et de ces réalisations tend à englober toutes les facettes de la vie sociale, du logement au transport, en passant par l'écologie, le patrimoine et la qualité de vie, la vie associative et la possibilité d'échanger sur la place publique, la participation aux institutions et au pouvoir.

Or les contradictions sont nombreuses et lourdes à gérer. Faut-il, par exemple, favoriser le logement social subventionné ou permettre le retour à la ville des petits-bourgeois effarouchés qui sont allés se réfugier en banlieue, privant la municipalité des revenus nécessaires à toute politique sociale digne de ce nom ? Faut-il délaisser le développement du centre-ville au profit d'une revalorisation des quartiers, véritables unités de base de la vie urbaine, quitte à voir se détériorer le cœur et le poumon de Montréal, avec toutes les conséquences que l'on imagine ? Quelle doit être la place des immigrants et des communautés ethnoculturelles dans une ville qui est devenue le terrain principal de l'affirmation des droits de la majorité canadienne-française et le symbole des progrès du français dans l'affichage et le travail ? Comment concilier, enfin, les exigences des syndicats de cols bleus et de travailleurs du transport, de pompiers et de policiers avec la crise permanente que connaît Montréal et qui entraîne une réduction considérable de la capacité de payer des contribuables ?

Si les réponses ne sont pas faciles, les enseignements des cinquante dernières années sont là comme autant de pôles de référence. Les mouvements urbains véhiculent peut-être des contradictions, mais ils sont aussi porteurs d'espoir en même temps qu'ils humanisent la cité. C'est tout un processus de réappropriation de la ville et de redéfinition de la vie associative qui s'est dessiné à travers ces luttes. Ce processus a permis le renouvellement et la prise en charge de la démocratie par les citoyens eux-mêmes.

Bernard Dionne

3. *Les nœuds de la langue*

I love you, moi non plus

François Brousseau

La cohabitation de deux grandes communautés a produit de nombreux débats sur la langue. Les « paradoxes linguistiques » de Montréal, au-delà du jeu des apparences...

« Montréal, deuxième ville française du monde » : c'est ce que les instituteurs du primaire répétaient, il y a encore vingt ans, à leurs petits écoliers du cru. Ils leur expliquaient, tout fiers, qu'avec ses 2 millions d'habitants aux deux tiers de langue maternelle française leur ville ne le cédait, en chiffres absolus, qu'à Paris pour le nombre de locuteurs francophones. Titre bizarre et douteux, très étonnant pour quiconque débarquait à Montréal jusque dans les années 60, y découvrant un parfum, une vie publique et commerciale presque entièrement anglo-saxons. Il y a trente ans encore, quelques années avant le voyage du général de Gaulle, Montréal, à première vue, dans l'affichage commercial par exemple, était une ville presque aussi anglaise que Toronto, Londres ou New York. « Montréal française », c'était deux tiers de la population d'une grande ville nord-américaine moulée, dominée, guidée par l'élite économique britannique. « Montréal française », à l'extérieur des églises, des écoles et des paroisses, c'était surtout une masse compacte, silencieuse et invisible...

Montréal aujourd'hui ? Une ville qui a perdu sa superbe britannique, sans que l'on sache trop par quoi elle a été remplacée. Une ville où, en surface, le français semble être devenu la langue dominante, en partie grâce à la législation - principalement la célébrissime « loi 101 », qui accuse aujourd'hui le poids de ses quinze ans. Une ville où l'on chante les louanges de l'immigration, du pluralisme ethnique, de la « transculture ». Ville pourtant, encore et toujours, des « deux solitudes » qui se frôlent sans trop se toucher.

Physiquement, une ville plutôt moche, sans unité, qui n'a jamais eu son Haussmann, mais pourtant touchante - certains ont dit prophétique - par son *patchwork* anarchique postmoderne, ses beaux restes, ses mille morceaux éclatés. Banale cité américaine format moyen dans sa partie moderne, architecturalement sauvée par ses côtés vieille France et Empire anglais. Ville dont le déclin économique a suivi, tout au long du siècle, celui de la grande bourgeoisie anglophone, et qui a définitivement cédé le pas à Toronto comme centre du pays. Métropole déchue, de toute façon, d'un Canada dont elle ne veut peut-être plus, à la veille de ses trois cent cinquante ans et d'un référendum annoncé sur l'hypothétique « départ » du Québec...

Ville abonnée au chômage, avec ses quartiers francophones de l'Est qui vivent au cinquième, parfois au quart, de l'assistance sociale. Ville sinistrée par les fermetures d'usines à répétition, qui font la une des journaux. Ville décimée par l'effet « trou de beigne », selon l'expression ici consacrée, qui désigne la fuite systématique de la classe aisée vers les banlieues. Ville pas encore tout à fait « américanisée » pourtant, à la New York, Detroit ou Chicago, comme en témoigne un niveau de violence et de tensions raciales encore minime quand on le compare à celui des grandes cités du continent. Ville « dynamique » pourtant, ville internationale, ouverte sur le monde, que vous vanteront jusqu'à plus soif ses dirigeants, citant, dans leur comptine bien apprise, son caractère pluriethnique, quelques *success stories* dans les secteurs de pointe, et une « garde montante » bourgeoise francophone, censée, disent-ils, avoir pris le relais de l'ancienne classe dominante anglaise.

Et surtout, aujourd'hui comme hier, aujourd'hui peut-être plus que jamais, ville hantée par sa fameuse dualité linguistique, par une insaisissable identité culturelle, par sa guérilla urbaine de basse intensité - les graffiti « Fuck Bill 101 » et « Québec français tabarnak » -, par ses paradoxes, ses apparences, ses faux-semblants et ses faux martyrs. Champ de bataille éternel de la « question du Québec », qui regroupe le tiers de toute sa population. Car c'est là, par ailleurs, que se jouera la partie, c'est là que la province française s'intégrera à l'Amérique jusqu'à s'y fondre complètement, ou qu'elle saura conjuguer, avec une formule magique dont elle aurait le secret, l'ouverture économique et culturelle avec la problématique protection de son caractère français.

Ville où la principale langue minoritaire, « martyrisée » selon plusieurs de ses locuteurs, se trouve être la *lingua franca* mondiale et souveraine de la fin du XXe siècle. Ville où la communauté anglophone traditionnelle, *stricto sensu*, est en réel déclin, mais où, suprême paradoxe, triomphe tout de même, dans la vie de tous les jours, l'idiome international qu'elle parle. Ville pataugeant dans sa vieille boue, dans ses vieilles querelles linguistiques, qui se posent aujourd'hui en des termes inédits, au-delà de l'ethnicité, de l'« oppression anglaise » et des vieilles luttes de classe. L'air du « prolo-égale-français, bourgeois-égale-anglais » est aujourd'hui bien dépassé. Mais ce n'est toujours pas la bonne entente pour autant.

Ville où se posent quelques questions essentielles sur l'identité des peuples en l'an 2000, l'avenir des grandes cités postindustrielles, les problèmes d'immigration, d'intégration, d'assimilation. Ville d'un « postmodernisme » dont se gargarisent certains apôtres de la « transculture », bricolage intellectuel typiquement montréalais qui fait l'éloge de la « faiblesse » culturelle, des nouveaux métissages et de l'ouverture à l'autre, à tous les autres, sur un strict pied d'égalité. Ville du « multiculturalisme » canadien, cette bizarrerie officielle qui stipule - aux antipodes du rouleau compresseur jacobin et des évidences de la sociologie de l'immigration - que vous pouvez vous installer ici, tout en restant aussi chinois, hispano ou tamoul que vous le désirez.

On apprend donc, dans les guides touristiques, que Montréal est « le grand centre de la culture francophone en Amérique ». Débarquant pour la première fois dans la métropole du Québec, plein d'images de vieille France, à l'affût de cet accent savoureux des « Canadiens » (comme on ne dit plus ici), le visiteur part donc à l'aventure, dans le quartier des hôtels et des grands magasins, rue Sainte-Catherine et rue Sherbrooke... Mystère : toutes les affiches commerciales sont en français, mais on entend pourtant parler l'anglais un peu partout. Dans les environs immédiats - nous sommes en plein centre de la « grande ville française d'Amérique » -, deux universités, séparées à peine d'un kilomètre : l'une s'appelle McGill, l'autre Concordia. Toutes deux sont anglaises.

Rue Sainte-Catherine, sur 4 kilomètres, cherchez les vraies librairies. Vous en trouverez une, un supermarché du livre nommé Coles : au sous-sol, il comporte une toute petite section française... Un petit film, peut-être ? Dans le secteur où vous vous trouvez, véritable poumon commercial et vitrine touristique de la ville, le rapport est de 5 à 1 pour les projections en anglais. Dans les « Maisons de la presse internationale », vous êtes littéralement à Paris et à New York en même temps ; le choix des titres est cependant dix fois plus étendu en anglais. Idem pour la télévision à l'hôtel, dans une proportion d'environ deux à un. Ville française ? Au restaurant, au magasin, on vous abordera peut-être par un *« May I help you ? »* avant de rectifier le tir, avec ou sans grimace, pour peu que vous insistiez. Ne vous plaignez pas : il y a encore peu, on ne rectifiait même pas le tir. Dans un certain nombre de cas, la conversation se poursuivra ainsi, moitié dans la langue de Shakespeare (ou à peu près), moitié dans celle de Molière (ou à peu près), dans une cacophonie tantôt joyeuse et bon enfant, tantôt froide et tendue.

Montréal française existe bien sûr, mais elle n'est pas là, au centre d'elle-même. Il faut pousser plus à l'est, de l'autre côté du boulevard Saint-Laurent, ou encore, à 8 kilomètres de là, vers le nord, dans le quartier de l'université de Montréal, pour que la première impression soit corrigée, pour trouver librairies et grandes institutions d'enseignement françaises, pour trouver enfin des parfums de francophonie d'Amérique.

Loi 178 : l'affichage réglementé

Exemple de pesanteur bien montréalaise : l'obsession névrotique du débat sur la langue d'affichage. Une loi adoptée en 1977 par l'ancien gouvernement « indépendantiste » du Parti québécois stipule - entre autres choses nombreuses - que l'affichage commercial extérieur, celui des enseignes de magasins et de restaurants, se fait en français seulement, sur tout le territoire du Québec. À quelques exceptions près donc, pas de chinois, pas d'espagnol et surtout pas d'anglais sur les affiches. Cette loi, il est vrai, a été dépecée, morceau par morceau, par les tribunaux depuis la fin des années 70. Mais cette stipulation, controversée entre toutes, est toujours en vigueur, maintenue en 1988 par le gouvernement du Parti libéral en dépit d'un jugement de la Cour suprême du Canada. Les Anglais continuent donc de crier au génocide, à l'assassinat de la liberté d'expression, alors même que l'anglais langue d'usage se porte à merveille, que sa force d'attraction, sa puissance assimilatrice ne paraissent pas diminuées par une telle mesure. Les francophones continuent, faussement sans doute, d'y voir un grand symbole plus ou moins vital.

Montréal et ses langues, jeux d'ombres et d'apparences... En fait, dans le passé, deux célèbres observateurs français ayant visité la ville avaient rapporté des impressions diamétralement opposées à cette image du « vernis français ». Alexis de Tocqueville, au début du XIXe siècle, notait déjà qu'à Montréal la vie publique et la vie commerciale se faisaient entièrement en anglais, bien qu'on entendît couramment le français dans les rues. Un siècle plus tard, c'est André Siegfried qui fera observer que « Montréal était comme Londres et New York - un grand centre anglo-saxon, où la présence de plus de 100 000 francophones était un facteur de seconde importance ». Montréal, ville française au visage anglais, anglaise au visage français, ville déguisée qui n'avoue pas son identité, et surtout seule ville véritablement bilingue du pays, est le théâtre d'une sourde lutte où tout le monde - les Français, les Anglais et les immigrants - joue à la victime, où tout le monde a un peu peur de disparaître, où tout le monde a sans doute raison à sa façon.

Les Anglais, inquiétés par leur relative chute économique, par la montée d'une bourgeoisie francophone, par une natalité aussi basse sinon plus basse que celle des francophones, et surtout par des lois linguistiques « répressives », font face aujourd'hui à un grave déclin démographique. Déclin accentué par les départs continuels vers le Canada anglais : tendance historique d'un groupe qui, par le passé, n'a jamais vraiment fait du Québec sa terre d'adoption, préférant se définir par rapport au Canada et s'y mouvant à loisir. 200 000 anglophones (ils ne sont plus que 680 000, soit 10 % de la population québécoise) ont quitté le Québec au cours des quinze dernières années. Cette tendance se maintient, à la veille des transes « référendaires » prévues pour 1992. Ne pas confondre, donc, la santé de la langue anglaise dans la vie montréalaise avec l'humeur de la communauté anglophone de souche, qui vit peut-être aujourd'hui la plus grave crise existentielle de son histoire : psychodrame qui fournit une autre clé du grand paradoxe linguistique montréalais.

Même si la population locale ne fut majoritairement d'origine britannique (à 55 %, chiffre aujourd'hui ramené à 15 %) que durant une courte période, dans les années 1830-1860, Montréal a été si profondément marquée par la présence anglaise qu'elle en porte toujours les traces, dans l'architecture, les comportements, les rapports intercommunautaires. Ce sont les Anglais qui ont construit Montréal, qui en ont fait au XIXe siècle l'un des flambeaux de l'Empire, la plus grande ville du Canada, alors capable de rivaliser avec les centres les plus puissants d'Amérique du Nord. Au début du siècle, près de la moitié de toute la richesse du Canada était entre les mains de l'élite anglo-protestante de Montréal. L'université McGill, Westmount, le Golden Square Mile, tout cela incarnait une caste occupante qui n'avait que pitié et condescendance pour la masse corvéable des Canadiens français.

Un siècle, une révolution tranquille et quelques lois linguistiques plus tard, cette mainmise totale n'est plus qu'un souvenir. Pourtant, l'angoisse du déclin, voire de la disparition, persiste *aussi* dans l'horizon de nombreux francophones. Leur motif d'inquiétude, ce n'est plus, aujourd'hui, la révolte primaire contre une classe anglophone détenant tout le pouvoir économique. Ce n'est plus une vie publique, professionnelle et commerciale se déroulant entièrement en anglais. Aujourd'hui, le français, au travail, a droit de cité à côté de l'anglais, et les commerces servent, dans plus de 90 % des cas, le client en français quand il en manifeste le désir. Non, la « menace » aujourd'hui, si l'on peut utiliser ce terme, ne vient plus « des » Anglais ; elle vient plutôt « de » l'anglais, de cet idiome désormais presque totalement libéré de ses attaches ethniques et démographiques, de sa place privilégiée en Amérique et dans le monde, de la globalisation des marchés, de son hégémonie dans la science, la haute technologie, la finance et la culture de masse.

Car Montréal, avec ses 65 % de francophones-de-souche et ses 15 % d'anglophones-en-déclin, avec sa proportion croissante d'immigrants, est plus que jamais une ville bilingue, peut-être la ville la plus intégralement bilingue du monde. Les grandes manœuvres législatives et le redressement des francophones au cours du dernier quart de siècle ont eu pour effet de promouvoir la place du français, mais sans pratiquement rien ôter à la langue anglaise de son audience naturelle. Malgré ses pathétiques déguisements législatifs unilingues, Montréal reste, par exemple, une ville où le moindre emploi à 6 dollars l'heure derrière une caisse enregistreuse nécessite la connaissance de l'anglais. Demandez-le à la petite provinciale sans diplôme, arrivée de l'arrière-pays, qui cherche n'importe quoi et ne trouve rien, rien, rien, pour cause d'ignorance de la langue passe-partout. Demandez-le à cet aspirant immigrant français-de-France, qui s'imaginait naïvement arriver en « terre française » et qui déchante...

Un des grands débats de l'année politique 1988-1989 à Montréal fut celui de la loi 178, qui accordait le droit à l'affichage bilingue à l'intérieur des petits magasins, concédant ainsi un « recul » par rapport à la loi de 1977. Une modification pourtant reçue comme une gifle par la communauté anglophone. En a-t-on assez ri et assez pleuré, de cette minable loi « intérieur-extérieur » ! Mais le plus important n'est pas là : l'extérieur du magasin, l'arrière-boutique et jusqu'aux toilettes seraient-ils tous sujets à la prescription d'unilinguisme écrit que le résultat sur la vie quotidienne en resterait inchangé... Sauf peut-être pour le degré de schizophrénie, pour la distance entre l'officiel et le réel. Disons-le tout net : Montréal-à-l'affichage-tout-en-français, c'est Disneyland. L'affichage unilingue français à la place Côte-des-Neiges, au métro Plamondon ou sur l'avenue du Parc (largement pluriethniques, largement anglophones), c'est de la haute voltige surréaliste, un refoulement pathétique et inefficace de la réalité.

L'anglais plus que les Anglais

Car le réel - le travail, les achats, la télévision, les lectures, la publicité à domicile, les échanges improvisés dans la rue, la culture adolescente de masse, CHOM-FM à tue-tête (The Spirit of Montreal, une des stations de radio les plus populaires) dans les trois quarts des petits commerces - est bien marqué, lui, par l'insolente bonne santé de l'anglais langue d'usage à Montréal. Alors même qu'il est « banni » du discours commercial de la rue. Alors même que la communauté anglophone de souche fait face, elle aussi, à des tendances démographiques graves. Alors même que ses effectifs scolaires officiels (toujours la loi 101) ont diminué de moitié en douze ans. Et alors même que la connaissance - formelle - du « français langue seconde » a fait de réels progrès parmi ses membres. C'est qu'il n'y a plus - ou pratiquement plus - de lien entre les deux catégories de phénomènes. Les anglophones natifs ne sont plus le vecteur principal du triomphe quotidien de l'anglais. Le raz de marée anglo-saxon est désormais planétaire : on estime aujourd'hui que le nombre des non-natifs qui connaissent et pratiquent régulièrement l'anglais vient de dépasser celui des locuteurs de naissance. Phénomène sans précédent dans l'Histoire, sans comparaison bien sûr avec les beaux jours du français dans les cours d'Europe aux XVIIIe et XIXe siècles... Montréal est l'un des endroits en Occident - l'autre grand exemple étant sans doute Amsterdam - où ces nouvelles tendances peuvent être le mieux observées : la langue vernaculaire pour les *local folks* en famille, l'anglais pour les choses sérieuses. Exagéré ? Peut-être, mais pas tant que ça...

Cas extrême mais révélateur : on relève même - notamment dans la faune branchée du *business* montréalais et dans les collèges BCBG de la bourgeoisie francophone - un certain nombre de conversations en anglais *entre francophones natifs*. Ce « syndrome franco-saxon », amalgame de nouveau chic et de vieux complexe, ne semble donc pas se limiter à Sudbury (Ontario) et à Saint-Boniface (Manitoba), survivances éloignées de la francophonie au Canada anglais, où l'assimilation des derniers descendants de France, malgré tous les respirateurs artificiels du gouvernement fédéral et la résistance héroïque de quelques familles, se poursuit à vitesse grand V.

L'anglais - par-delà toute politique, toute idéologie et bien sûr toute législation - est la langue qu'utilisent spontanément l'Arménien et l'Italien faisant des affaires boulevard Saint-Laurent ; le patron grec et son employée québécoise, dans un magasin de l'est de la ville ; le Jamaïcain et l'Haïtien à la manif pour Anthony Griffith, le jeune Noir abattu « accidentellement » par la police en 1987, dans une cause devenue célèbre ; les huit serveuses québécoises-francophones-de-souche d'un restaurant de l'avenue du Parc avec le laveur de vaisselle indo-pakistanais ; les étudiants de nombreuses écoles secondaires à la récréation... et jusque dans certains cours.

En fait, l'affichage commercial unilingue français, stipulé par la loi, a surtout permis à la communauté anglophone du Québec de jouer avec brio et succès, surtout à l'étranger, le rôle du martyr. Une législation effectivement brutale sur le plan symbolique, mais dont on doit surtout se demander, aujourd'hui, comment elle a sérieusement pu favoriser la « francisation » de la société (grand slogan du gouvernement québécois), au-delà de l'effet « feuille de vigne », décoratif, trompeur et gros d'effets pervers.

L'autre grande exigence de la législation linguistique de 1977 concerne l'inscription obligatoire des enfants d'immigrants à l'école française, mesure décrétée pour tenter de contrer leur tendance historique et massive à l'anglicisation. Dans ce cas également, on peut aujourd'hui s'interroger sur ses effets réels... Dans un contexte où le caractère pluriethnique de la ville et l'importance de l'immigration sont de plus en plus évidents - valorisés dans le discours officiel à un point dont on n'a pas idée en France -, cette question de la langue véhiculaire se pose avec une acuité dramatique.

Ainsi on a découvert, depuis quelques années, que l'anglais était devenu la langue la plus parlée dans les couloirs des écoles « françaises ». Cela veut dire que ces petits écoliers venus des quatre coins du monde - les années 80 ont vu arriver des vagues successives de Vietnamiens, de Libanais, de Latino-Américains, de Tamouls - vont désormais à l'école française, contrairement à ce que près de 90 % d'entre eux faisaient avant la loi 101. Mais encore une fois - comme dans le cas de la langue d'affichage -, la réalité est têtue et les tendances de fond se jouent des lois, resurgissant par la porte de derrière. On apprend le français, on va à l'école française - c'est la loi -, mais les comportements historiques perdurent : la vraie *lingua franca*, cela reste l'anglais. Dure évidence sociologique.

Le choix des immigrés

Le phénomène joue aussi, d'ailleurs, pour un bon nombre de Canadiens français : « Nous autres, on aime bien apprendre le français ici, mais pourquoi on nous parle toujours en anglais dans les magasins ? » déclaraient ainsi des immigrantes interviewées par le quotidien *Le Devoir*. En effet, quand, d'aventure, un anglophone montréalais ou un immigrant de bonne volonté essaie d'engager une conversation en français, que trouve-t-il trop souvent sur son chemin ? Un francophone local qui tend systématiquement à passer à l'anglais, le plus naturellement du monde... Peut-on alors blâmer les seuls immigrants pour cette anglophilie rivée aux chevilles ? L'économie a ses lois ; on ne peut refaire l'histoire. Et surtout, surtout, les atavismes individuels (la « mentalité de colonisé » et les « réflexes de minoritaires » qui exaspèrent tant les nationalistes québécois) ont la vie dure...

Le divorce de toujours, à Montréal, entre l'immigration et la majorité francophone, cette perception, historiquement fondée, sociologiquement persistante, de l'« immigrant-égale-anglo » ont plusieurs causes. Les nouveaux arrivants allaient naturellement du côté du plus fort économiquement, de la vraie majorité sociologique, bien qu'elle ne comptât que pour 20 ou 25 % de la population. Mais ce divorce s'explique aussi - pour une petite part au moins - par le refus, jusqu'à la révolution tranquille, par les autorités catholiques d'admettre à l'enseignement en français l'élément allogène, systématiquement orienté vers l'école et les institutions anglaises. Encore là, il y avait une stratégie qui, dans un certain contexte, s'expliquait parfaitement. Mais aujourd'hui, alors que le discours officiel a totalement changé sur la question - on nous serine maintenant, sur un ton souvent angélique, les vertus de la « société pluriethnique francophone » -, l'histoire et la géographie rappellent quotidiennement leur poids incontournable.

Les tendances ne sont pas à sens unique. Les pessimistes de la langue ont leurs exemples inquiétants - les écoles secondaires précitées - et leurs statistiques - 7 immigrants sur 10 qui s'anglicisent, encore aujourd'hui selon les dernières statistiques cumulatives. Ils évoquent l'état lamentable du français parlé à Montréal, qui ferait fuir selon eux n'importe quel arrivant désireux de s'intégrer à une nouvelle collectivité. Les optimistes leur répondent que, avant, c'était 9 immigrants sur 10 qui devenaient automatiquement, en deux générations, des anglophones « perdus pour nous ». Ils citent en exemple d'autres écoles - il y en a aussi, quand le pourcentage « allophone » n'est pas trop élevé et permet l'intégration - où la greffe « pluriethnique francophone » semble prendre, où vous entendrez des petits Noirs et des petits Jaunes avec l'inimitable accent de Montréal. Ils expriment la conviction qu'une classe éduquée, de plus en plus nombreuse, parle une langue qui, sans être châtiée, est bien supérieure au *joual* de la génération précédente. Ils plaident la patience devant la lenteur obligée des processus, vous répètent « qu'on est partis de loin », pointent du doigt la reprise en main d'une bonne partie de l'économie par la « garde montante » francophone, etc. Il n'empêche : comment réussir une intégration linguistique quand, dans les faits, c'est le bilinguisme qui est systématiquement valorisé ? Quand la vie en anglais seulement reste parfaitement possible ? Quand la culture de masse anglo-américaine, en version originale, est omniprésente ? Quand la langue de la minorité garde des allures « majoritaires », et vice versa ?

Éternelle pomme de discorde, la question linguistique est toujours au cœur de l'agenda politique québécois, au cœur de la réalité montréalaise. Le Québec n'est pas le Haut-Karabakh ou la Croatie ; on ne s'y tape pas sur la gueule et les enjeux n'y sont peut-être pas aussi spectaculaires que ceux de l'Europe centrale. Mais il s'y livre une lutte sourde, feutrée, significative, entre la première langue universelle et celle qui prétend encore être la seconde... Bientôt quinze ans après la promulgation de la loi 101, on peut arguer aujourd'hui qu'elle a eu ses effets pervers, qu'elle n'a pu, dans bien des cas, changer la réalité que dans une mesure limitée. On peut trouver que l'« effet d'écran », l'illusion d'optique de Montréal d'avant 1960 - la supposée « deuxième ville française du monde » qui avait plutôt l'air d'une petite New York -, s'est aujourd'hui retourné pour faire place à un nouveau jeu des apparences, miroir inversé du passé, où l'anglais officiellement « banni » paraît toujours s'imposer.

Allons-nous vers un *melting pot* américain de plus en plus conforme, où les Canadiens français deviendraient un groupe ethnique parmi d'autres, un peu plus gros, avec un statut particulier ? Autrement dit, Montréal s'anglicisera-t-elle ? Vieille question, éternelle, obsessionnelle. Et absolument incontournable, à moins de se résoudre à l'assimilation. La partie n'est donc pas jouée : elle ne le sera sans doute jamais. Le français à Montréal n'est plus une langue des catacombes. Mais ces victoires récentes restent fragiles, symboliques, fondées d'abord sur l'intervention législative. Le défi d'une société économiquement et culturellement ouverte, refusant le repli du bon vieux temps, mais préservant tout de même le lien vital avec ses origines, est toujours présent. Hantée par ses fantômes, Montréal n'a pas fini d'être un théâtre d'ombres linguistiques.

François Brousseau

Anglo like me

Josh Freed

Au XIXe siècle, Montréal parlait principalement l'anglais. La situation s'est inversée au XXe siècle ; et voilà que les différentes lois linguistiques votées ces derniers temps ont réveillé un militantisme anglophone qui ne cesse d'étonner.

Je reçois beaucoup d'invitations ces temps-ci pour parler d'une minorité québécoise récemment découverte et dont je suis membre. J'appartiens à une société distincte dont le caractère distinct consiste en un dialecte particulier, un langage écrit qui est banni de la vue du public[1], et une population dont la survie est menacée. Nous sommes une mince île d'Anglais entourée par une vaste mer de Français et nous serons les premières victimes si le Canada en venait à se fractionner. Nous sommes les anglophones de Montréal.

Jusqu'à récemment nous n'étions pas l'objet de beaucoup d'attention. Pendant la plus grande partie de ma vie, les anglos du Québec étaient perçus comme des gens bornés, rabat-joie et peu intéressants hormis nos fameuses têtes carrées. Comme je l'écrivais, il y a huit ans, dans *Anglo Guide to survival in Quebec* :

> « Il n'est pas facile d'être un anglophone au Québec. Les Québécois français pensent que vous êtes aussi passionnant qu'un pneu à neige.

---

1. En 1988, le gouvernement du Québec a adopté la loi 178 interdisant l'utilisation de l'anglais dans l'affichage extérieur.

Le maître d'hôtel vous apporte automatiquement la mauvaise année du vin que vous avez commandé et vous ne pouvez même pas sortir pour aller acheter un litre de lait sans craindre que votre famille déménage à Toronto. Le pire est que vous finissez par vous sentir coupable de deux cents ans d'oppression anglaise sans avoir eu la chance d'en profiter. »

Mais les temps changent. Comme le nationalisme québécois français a pris de la force, nous, les oppresseurs, sommes devenus quelque peu opprimés. Notre langue a été effacée sur les enseignes extérieures. Un millier de marquises de restaurants ont été purifiées jusqu'à la dernière apostrophe. Ainsi Ben's a été changé pour Bens, Joe's pour Joes. Sans mentionner d'horribles erreurs grammaticales telles Beautys au lieu de Beautie's. Même notre inoffensif panneau STOP a été mis hors la loi comme étant une menace à la langue française - alors que c'est exactement ce mot qui est utilisé à tous les coins de rues de Paris. Notre population est en train de s'affaisser plus rapidement que le Stade olympique - elle est tombée de 789 000 à 679 000 dans les dernières quinze années. Nous vieillissons rapidement et notre taux de natalité est si bas (1,3) qu'en comparaison la soi-disant infécondité des francophones ressemble à de l'obsession sexuelle. Si le Québec est une « société distincte », les Anglo-québécois craignent pour leur part qu'elle ne devienne une « société éteinte ».

Heureusement, à l'instar des bélugas, des aigles d'Amérique et d'autres espèces en danger, nous sommes finalement en train de devenir suffisamment rares pour susciter un peu d'intérêt. Des centaines de milliers d'Anglo-québécois ont quitté Montréal pour Toronto. Ce sont des *car people*. Nous sommes en train d'être remarqués par notre absence. L'anglo en disparition a fait surface dans les colonnes des magazines, dans des séries d'articles des journaux et dans les débats gouvernementaux. On s'est mis à nous montrer à la télévision francophone de toutes les manières imaginables : sous l'angle des « valeurs culturelles des anglos », celui de « valeurs politiques des anglos » jusqu'à « la condition de marginal de l'anglo ». Le gouvernement a mis sur pied deux commissions pour examiner notre déclin numérique. Même le Parti québécois, un parti séparatiste qui nous a déjà traités de « Rhodésiens blancs », vient de se doter d'un groupe d'étude pour trouver des façons de nous préserver. Avec de la chance, nous obtiendrons bientôt le genre d'attention prodiguée aux autres minorités menacées : des programmes d'action positive pour nous permettre d'obtenir plus de représentation dans la police, dans la fonction publique et dans l'industrie des conducteurs de calèche. Peut-être même verrons-nous la tenue d'un festival de la culture traditionnelle anglo, accueillant des ethnologues du monde entier pour étudier notre musique et nos pittoresques danses folkloriques.

Franchement, il est temps que le Québec et le reste du Canada comprennent que nous, les anglos, sommes une espèce exceptionnelle, qui vaut vraiment la peine d'être étudiée pendant que nous sommes encore là. À une époque où le Canada anglais et le Québec français sont tous les deux en train de renoncer à l'idée de deux langues nationales officielles, nous sommes le seul groupe au pays qui semble encore apprécier le bilinguisme. Nous célébrons un mélange unique de fêtes ethniques : la Saint-Patrick des Irlandais avec la Saint-Jean des Français. Nous donnons à nos enfants des noms qui marchent dans les deux langues : Matthew-Mathieu, John-Jean et Paul pour les garçons ; Sarah, Myriam et Rachel-Rashel pour les filles. Nous les envoyons dans des garderies francophones et plus tard dans des écoles d'immersion, et nous sommes secrètement enchantés quand ils rentrent à la maison en nous appelant « papa », croyant que « Dad » est une marque de biscuit à l'avoine. Nous saupoudrons de mots français comme « palais de justice », « colloque » et « syndicat » des phrases anglaises courantes. Nous le faisons de façon si routinière que nous sommes rapidement en train d'oublier leur équivalent en anglais. De plus, alors que quelque 10 % des Canadiens anglais et 30 % des Québécois francophones se prétendent bilingues, plus de 60 % des anglos du Québec sont maintenant « bilingues », même s'ils ne parviennent pas à prononcer le mot correctement.

En vérité, nous n'avons pas toujours été bilingues. J'ai grandi sur une rue appelée Deleppy de Curbs et j'avais seize ans quand j'ai découvert, grâce à un chauffeur de taxi francophone, qu'il s'agissait en réalité des rues de l'Épée et Querbes. La raison de mon ignorance prenait ses racines dans les célèbres « deux solitudes » québécoises[2]. Comme la plupart des anglos non catholiques, le

2. *Deux Solitudes* est le titre d'un roman très célèbre de l'écrivain anglo-montréalais Hugh McLenan.

pauvre Juif que je suis a dû se résoudre à fréquenter l'école protestante anglaise parce que les écoles catholiques françaises ne m'auraient pas accepté. Là j'ai appris le Notre-Père ainsi qu'une centaine de prières anglo-protestantes inutiles, du genre « Jésus m'aime », le « Bon Roi Wencelas » et « Dieu sauve la Reine ». Mais malheureusement je n'ai pas appris beaucoup de français. Mon professeur, madame Schwartz, m'enseignait à parler une version anglaise de l'accent parisien (« Juh maplay Josh ») à vous écorcher les tympans, qui s'est avérée aussi utile que le gallois pour comprendre ce que les gens disaient dans les rues de Montréal.

Est-Ouest : le mur de la langue

Non que j'en rencontrais beaucoup. L'Est était l'Est et l'Ouest l'Ouest, et rarement les deux étaient en contact. Comme la plupart des anglos, je vivais dans le centre-ouest de Montréal, alors que les Français vivaient majoritairement dans la pointe est : un endroit éloigné que les cartes des écoles secondaires anglophones désignaient avec des images dragons et de monstres marins. *Terra incognita !*

La première fois que je suis allé dans l'Est, j'ai pensé me munir d'un bracelet disant « À l'hôpital anglais s'il vous plaît ». Je me suis rendu compte que les Montréalais francophones ne savaient pas grand-chose à mon sujet. Parce que j'étais un anglo, ils présumaient que j'étais un Britannique blanc et protestant, à l'allure raide, qui se couchait tôt, portait un chapeau melon et buvait des Martini - une boisson que je n'aurais pas su reconnaître et que mes moyens ne me permettaient pas de me payer.

Quand j'en rencontrais, les francophones m'appelaient toujours « George », peu importe le nombre de fois que je répétais mon nom. Dans les années 80, quand la yuppimanie a commencé, de nombreux Français se sont mis aux sports de raquette et cela m'a permis de mettre au point une bonne formule pour présenter mon exotique moi « ethnique » : « Je m'appelle Josh. Josh comme squash. »

Et puis ce fut la fin des années 60, la révolution tranquille du

Québec avait commencé et, comme beaucoup d'anglos je commençais à m'adapter. J'allai à l'université McGill et je déménageai au centre-ville dans le quartier Saint-Louis de Montréal, un secteur en avance, où les jeunes gens anglais et français vivaient vraiment côte à côte. Je travaillais avec des Français. Je sortais avec des femmes françaises. Lentement je commençais à partager leur langue ainsi que certaines de leurs aspirations. Je participai à des marches pour bilinguiser les affiches unilingues anglaises. Je pris part à la manifestation de McGill Français, un mouvement qui voulait rendre française mon université. Pendant un certain temps, j'ai même porté un béret et un foulard, et soutenu René Lévesque et le mouvement indépendantiste, lequel semblait promettre plus d'équité pour tous. Ce n'est que vers le milieu des années 70 que le pendule oscilla et que je commençai à faire attention à préserver mes racines anglos plutôt qu'à les dissimuler. Comme beaucoup d'anglos, mon revirement vint après l'élection du Parti québécois en 1976 : une victoire qui mit le nationalisme français au pouvoir et créa littéralement le nationalisme anglo. Les Québécois français parlent de la bataille de 1759 comme de la Conquête, comme d'un sombre jour suivi de deux cents années d'oppression de l'anglais. Je considère 1976 comme la Conquête suivie de deux cents mois d'oppression du français. Comme il est dit sur les plaques d'immatriculation du Québec : « Je me souviens. »

Soudainement les affiches extérieures qui avaient si souvent négligé le français étaient remplacées par de nouvelles qui, officiellement, bannissaient l'anglais. Des règlements restrictifs (passés par des commissions scolaires françaises) qui avaient écarté beaucoup d'immigrants de l'école française étaient remplacés par des lois restrictives les empêchant de s'inscrire à l'école anglaise. Pour soutenir le système scolaire français, ils affamèrent le système scolaire anglais - lequel a vu les inscriptions dans les écoles chuter de 70 % dans les derniers quinze ans. Des anglos frustrés commencèrent massivement à quitter le Québec pour l'Ontario, de sorte que l'autoroute 401 entre Montréal et Toronto devint connue sous le nom d'autoroute 101[3]. Et comme beaucoup de mes amis qui sont restés, je me suis découvert une sympathie grandissante pour ma propre minorité.

3. La loi 101, adoptée à la fin des années 70, fit du français la seule langue officielle au Québec.

Aujourd'hui, comme beaucoup d'anglos, je vis quelque part entre les mondes anglais et français. J'habite Esplanaid Street, au coin de Rachael Street, ou rue Esplanade et rue Rashh-el, selon avec qui je parle. J'ai une double prononciation pour chaque rue de Montréal : rue Saint-Urbain et Saint-Urban Street, Gene-Talon Street et rue Jean-Talon, Saint-Lawrence Street et boulevard Saint-Laurent. Comme la plupart des anglos, ma langue est entrelardée d'expressions françaises qui en font un dialecte distinct qu'il est difficile de trouver ailleurs. *« We enroll our kids in garderie »* (« Nous inscrivons nos enfants en garderie ») et *« send them to CEGEP »* (« les envoyons au Cégep[4] »). Contrairement aux autres Nord-Américains, nous voyageons *« by métro »* et non *« by subway »*, et sur des « autoroutes » plutôt que sur des *« highways »*. En situation d'urgence, nous utiliserons une « Urgence-Santé »[5] - jamais une « ambulance ». Même le plus unilingue des anglos du Québec ne voudrait pas se faire attraper à aller à la *« grocery »* ou au *« convenience store »*. L'expression anglo-québécoise correcte est : *« Honey... I'm going to the* dépanneur » (« Chérie... je vais au *dépanneur*[6] »). Comme la plupart des anglos, j'adore le défi d'être un Anglais dans un monde principalement francophone. Je marche tranquillement, un gros dictionnaire anglais-français dans les mains, et je déchiffre d'obscurs panneaux de signalisation unilingues français disant « Éteignez vos phares » ou « Risques de brouillard ».

Je suis toujours des cours de français bien que j'aie accepté le fait que je ne serai jamais parfaitement bilingue. Il y a trop de mots, trop de temps, trop de sexes. Pourquoi dire Monsieur le Couteau et Madame la Fourchette ? Monsieur le Soleil et Madame la Lune ? Madame la Mallette et Monsieur le Parc de stationnement ? Comment est-ce qu'on décide ? J'ai passé de longues soirées d'hiver dans des cabines de téléphone glaciales à chercher désespérément à trouver le sexe d'un restaurant où je voulais réserver une table. Est-ce le restaurant La Viaduc ou le restaurant Le Viaduc ? Ou encore le restaurant Au Viaduc, le restaurant Aux Viaducs ou quelque chose de compliqué comme Chez le restaurant du Viaduc ? Il suffit que vous vous trompiez d'un seul pronom et vous mangez à la maison.

---

4. CEGEP = Collège d'enseignement général et professionnel, soit l'étape entre les études secondaires et l'université.

5. « Urgence-Santé » est le nom du service d'ambulances à Montréal.

6. Expression québécoise désignant une épicerie de quartier ouverte très tard le soir.

Comme anglo, même mes convictions politiques sont étrangement confuses. Quand je parle à des Québécois français de la loi 178, je me sens offensé parce que la loi sur l'affichage a fait disparaître les affiches en anglais. J'enrage contre la violation de mon droit constitutionnel de magaziner du chou-fleur en anglais. Je déplore, comme le fait le célèbre écrivain montréalais anglophone, Mordecaî Richler, que des slogans nationalistes tels que « Le Québec aux Québécois » ne semblent pas inclure des gens avec un nom comme le mien. Mais amenez-moi dans les tout anglaises Toronto ou Calgary et je deviens affamé d'affiches françaises. Je me chicane avec un Ontarien unilingue anglais qui ose attaquer le Québec. Montréal est un endroit merveilleux pour vivre. Je crie ! Et OUI, je suis d'accord avec la revendication du Québec de vouloir être appelé une société distincte ! Prenez la langue, la culture et le système juridique. Prenez la circulation dans les rues : c'est un miroir chaotique de l'âme de la ville dans un pays où la loi et l'ordre sont généralement la règle. Tendez les mains à une intersection à Toronto et les autos vont s'arrêter. Tendez les mains à Montréal et vous allez les perdre.

À Montréal, on aime les festivals, tout est prétexte à célébrer - du festival de jazz au festival de films, au festival de la motoneige, jusqu'aux plus simples festivals de la vie de tous les jours. Les restaurants n'ont pas de « menu du jour » comme sur le reste du continent. Ils affichent plutôt un « festival du homard », un « festival de la moule », un « festival de la crevette géante ». La taverne à côté de chez moi célèbre un « festival de la bière et des frites », le restaurant portugais de mon quartier annonce son « festival de la morue grillée ». J'ai même vu un « festival du hot-dog steamé » (cuit à la vapeur) - où les participants arrivaient naturellement *« all dressed »*.

Aucun festival de Montréal n'est plus gros que celui du 1er juillet. Dans le reste du pays, c'est la fête du Canada, mais pas au Québec, où c'est simplement la journée des déménagements. Quelque 150 000 Montréalais - plus de 1 sur 10 - changent inexplicablement de nid ce jour-là. On croirait une grande migration digne de rivaliser avec la migration des hirondelles de Capistrano ou la remontée du courant par le saumon en frai. Les escaliers sont bondés de monde accroupi sous le poids de divans ou de cuisinières. Attirés par ce spectacle insolite, les touristes américains prennent des photos, mais avec crainte. Pourquoi agissons-nous ainsi ? En partie parce que les Québécois aiment faire les choses ensemble - un festival du déménagement. Et en partie parce que nous ne nous sentons pas à l'aise de fêter le Canada comme tous les autres. Nous le faisons plus discrètement en transportant un frigo au lieu d'un drapeau.

Oui. Montréal EST différente de toutes les autres cités du Canada. Je dis aux Torontois que c'est un magnifique endroit pour vivre. Si mon interloculteur de Toronto a la tête dure, je peux me retrouver moi-même à défendre la loi sur l'affichage, disant quelque chose du genre : « Regardez, quand vous arrivez à une intersection et voyez un panneau rouge octogonal écrit ARRÊT, de toute évidence ce n'est pas une boîte à lettres. » Mais de retour à Montréal, si je vois un jeune dessinateur de graffitis biffer un mot d'anglais, je saute de l'autre côté encore une fois. Après avoir passé ma vie dans cette province, je suis un schizophrène linguistique, je fais partie d'une espèce biculturelle grandissante piégée au centre d'un débat où le compromis est devenu démodé. Je ne peux vivre avec le Québec mais je ne peux vivre sans lui non plus. Et alors que les deux côtés du Canada dérivent de chaque bord, je me demande s'il restera encore une place pour moi ?

L'autre nuit, j'étais au lit quand j'ai vécu une affreuse expérience typique d'anglo : un cauchemar sur le Québec après la séparation. Dans mon rêve, le Québec avait déclaré l'indépendance, et le Canada furieux avait fait des représailles en devenant intempestivement unilingue. La ville ontarienne de Sault-Sainte-Marie prenait le nom de Saint-Mary-Rapids. La ville de Qu'Appelle au Manitoba était devenue : « *What-do-you-call-it* ». Toronto avait jeté à la poubelle son nom indien et était revenu à son nom original anglais : « Où-l'esprit-est-étroit ». En réaction, le Québec devenait aussi unilingue. La rue de Montréal Atwater était baptisé Rue-à-l'Eau (ou, en plus court, Allô). La rue Van-Horne se nommait maintenant la rue Van-Houtte, la rue Hutchinson la rue Hot-Chicken.

« Inconfortables » dans ce monde, les anglos de Montréal entreprirent une longue odyssée à travers le Canada, telle une tribu sans abri à la recherche d'un pays bilingue qu'ils pourraient faire leur. Dans leurs esprits, ils rêvaient d'un endroit sympathique où ils pourraient vivre en Anglais mais avoir la possibilité de manger encore de la poutine ou de commander une Labatt Bleue à la brasserie, servie avec un croissant convenable. Ils rêvaient d'un endroit où on trouve le quotidien anglophone *The Gazette*, le quotidien francophone *La Presse* et un palais des Congrès au cœur d'un quartier chinois. Ils rêvaient d'un endroit où vous pouvez chanter à votre anniversaire « Happy birthday » et « C'est à ton tour »[7] sans que personne ne leur jette un regard hostile. Où les Anglais et les Français peuvent se sentir bien sur la rue. Une place comme Montréal était naguère...

Tristement, dans mon rêve, les anglos firent un long voyage éprouvant à travers le Canada, de l'Atlantique au Pacifique, sans trouver un endroit où ils se sentent chez eux. Ils voyagèrent loin, loin dans le Sud, et aboutirent à un endroit où les Canadiens français et les Canadiens anglais étaient rassemblés depuis des dizaines d'années, vivant très à l'aise dans les deux langues. C'était un petit endroit isolé sur la pointe sud du continent, le dernier refuge minuscule du grand rêve du Canada bilingue : Fort Lauderdale. Florida.

Traduction de Robert Boivin

7. Chanson du poète québécois Gilles Vigneault chantée très fréquemment à l'occasion des anniversaires en remplacement du « Happy birthday ».

Entre le marteau et l'enclume

Marco Micone

On les appelle les allophones, ceux qui ne sont ni francophones, ni anglophones. Ils errent dans le labyrinthe des tranchées de la guerre des langues.

La veille de mon départ, le professeur déploya la mappemonde sur un mur de la classe comme il l'avait fait pour chacun de mes camarades émigrés. Depuis le début de l'année scolaire, l'un d'eux était parti pour l'Argentine, un autre pour l'Australie. Moi, je devais venir à Montréal. C'était en 1958. En ces jours d'adieux, le maître qui, d'habitude, pour le moindre manquement, nous infligeait de longues périodes à genoux sur des pois chiches, abolissait les sanctions et nous parlait toute la journée des villes et des pays où émigraient nos amis. Comme nous nous considérions tous comme des émigrants en sursis, la découverte de chaque nouvelle destination renforçait en chacun de nous l'illusion du choix. Après un exercice de maïeutique par lequel il essayait de cacher son ignorance, le professeur se résigna enfin à chercher lui-même Montréal.

Debout devant l'hémisphère occidental, il commença à explorer le littoral de la Colombie britannique. Pendant que son index serpentait vers le nord, il nous demanda ce qu'étaient des séquoias et des totems. Se butant à un silence tombal, il se retourna brusquement pour nous traiter d'ignares et continua aussitôt de scruter l'Alaska et le Yukon. Visiblement frustré, il promena son doigt obliquement à travers les Prairies, contourna les Grands Lacs pour ensuite remonter rapidement jusqu'au cercle polaire devant lequel il reste de glace un bon moment. Croyant qu'il avait enfin trouvé Montréal, nous nous levâmes pour nous rapprocher de lui. À l'instant où, exaspéré, il cassa le crayon qu'il tenait dans sa main gauche, nous nous rassîmes mi amusés, mi-craintifs. Lorsqu'il reprit contenance, il nous assura que là où j'allais émigrer s'appelait bel et bien Montréal, une ville canadienne sans importance dont la minorité francophone était en voie d'assimilation.

Telle était l'image que nous avions de Montréal et de la communauté francophone du Québec. Pas étonnant que la plupart des immigrants d'avant la loi 101 aient choisi l'école anglaise pour leurs enfants. Après un court séjour accidentel dans une école française, je me retrouvai, moi aussi, dans une école anglaise fréquentée par une majorité de jeunes italophones. Je parlais l'italien dans la cour de l'école et à la maison, l'anglais dans la salle de classe et le français avec les amis du quartier. J'étais doublement marginalisé : comme italophone au Québec et comme élève d'une école en marge de la communauté francophone. Pendant des années, les Christian Brothers, originaires de la Nouvelle-Angleterre ou des Maritimes, nous apprirent à singer les Anglo-Saxons des quartiers cossus de Montréal que nous rencontrions une fois ou deux par année dans des compétitions sportives. Beaucoup sortirent de ce ghetto s'exprimant mal en anglais, baragouinant à peine le français et dans une béate ignorance du Québec. Mais chacun de nous nourrissait l'illusion de pouvoir un jour remplacer les « boss » de nos parents. Nombreux, hélas, sont ceux qui ne réussirent qu'à se substituer à leurs parents !

Nous avions choisi l'école anglaise pour des raisons économiques bien sûr, mais aussi parce qu'aucune loi ne nous imposait l'école française. Étant presque tous des immigrants économiques, nous n'habitions pas les mêmes quartiers que les anglophones. Nous nous retrouvâmes donc dans des écoles où ces derniers étaient aussi rares que les francophones. Il en résulta une stagnation culturelle, due au manque d'échanges avec ces deux groupes linguistiques, qui n'avait d'égale que la pauvreté de la langue anglaise que nous croyions maîtriser et de celle du français auquel nous donnions très peu d'importance.

Plus de vingt ans plus tard, les jeunes allophones fréquentant les écoles anglaises vivent toujours en marge de la communauté francophone. Leur méconnaissance de la culture de celle-ci est telle que, lorsque *Jésus de Montréal* fut mis en nomination pour l'Oscar du meilleur film étranger, mes étudiants de Vanier College, qui avaient tous regardé la cérémonie de remise des trophées à la télé, ne purent me citer ni le titre ni le nom du cinéaste. Ces mêmes jeunes, âgés de dix-sept à vingt ans, en majorité d'origine italienne, grecque ou portugaise, croient qu'au Québec la proportion des francophones oscille entre 40 et 60 %. Ils ont en outre développé des préjugés dont le moindre est de croire que les Québécois francophones ne parlent pas le *real French*, tandis que 95 % de tous les étudiants du collège s'opposent à la souveraineté.

La loi 101, votée en 1977, fut aussi nécessaire que tardive. Grâce à elle, la francisation a fait d'énormes progrès. En 1976, à peine 20,5 % des élèves allophones étaient inscrits dans les écoles françaises ; en 1989, ils atteignaient 73 %. Cependant, dans les écoles françaises qui comptent une forte proportion d'élèves allophones, l'anglais est souvent utilisé à l'extérieur de la salle de classe. Faut-il s'en inquiéter ? Ni projets machiavéliques ni sentiments haineux n'expliquent ce comportement linguistique d'un grand nombre de jeunes appartenant aux communautés culturelles. S'il est légitime pour les Québécois francophones d'être attachés à leur langue et à leur culture, il l'est tout autant pour les autres citoyens du Québec. L'anglais est la langue de communication courante, sinon maternelle, de milliers de jeunes en voie de francisation dont les parents fréquentèrent les écoles anglaises en toute légalité. Beaucoup d'entre eux vivent dans des quartiers à forte concentration d'allophones. D'autres découvrent quotidiennement que la langue de travail est souvent l'anglais, surtout dans les petites entreprises. Mais le plus grave, c'est qu'ils se retrouvent trop souvent dans des écoles où les francophones sont minoritaires. Sur l'île de Montréal, on en compte déjà plus de quarante.

Dès la promulgation de la loi 101, il aurait fallu éviter la formation d'enclaves scolaires allophones, fussent-elles pluriethniques, et ne pas les justifier en disant qu'elles reflètent le quartier. Jusqu'où va-t-on rétrécir le périmètre de celui-ci pour que l'argument tienne ? Et dans quelle direction, par rapport à l'école, va-t-on l'orienter ? Non seulement le quartier (avatar de la paroisse) ne constitue pas un critère socialement valable lorsque les francophones s'y font rares, mais ne faudrait-il pas aussi tenir compte des territoires de la CECM et de l'île de Montréal où la présence allophone est bien loin des 70 % et 80 % de certains établissements scolaires ? Car c'est au-delà de son quartier immédiat que l'adolescent et, plus tard, l'adulte rechercheront loisirs et travail.

L'école ne peut s'acquitter efficacement de sa fonction intégratrice, dans une perspective interculturelle, si elle compte moins de 50 % de francophones. Pour atteindre cet objectif, il faut nécessairement qu'un certain nombre d'élèves consentent à se déplacer en empruntant soit les transports en commun, soit les véhicules scolaires. Qu'on désigne ces déplacements par le terme *busing* ou par une périphrase québécoise, cela ne modifie aucunement le fond du problème. Au Québec, 20 % des écoliers du primaire et 40 % des étudiants du secondaire ne marchent ni ne se rendent plus à l'école en calèche. Ainsi font les milliers de jeunes qui fréquentent les écoles protestantes francophones obligées de recruter leurs effectifs sur un large territoire. (Qu'a-t-on fait du quartier ?) Nombreux aussi sont les parents qui n'hésitent pas à imposer à leurs enfants de longs trajets pour que ces derniers fréquentent des écoles offrant une pédagogie particulière ou des matières telles la musique, la danse ou d'autres nobles activités qui, aux yeux de ces géniteurs privilégiés, transcendent les périlleuses odyssées en autobus jaune.

Pourquoi les déplacements en autobus seraient-ils moins justifiables lorsque l'objectif est de mieux assurer l'intégration des allophones ? Permettra-t-on la claustration de ces derniers aussi longtemps que leurs parents, trop occupés à assurer leur survie matérielle, ne trouveront pas le temps de s'occuper de ces questions d'ordre socioculturel ? Le seuil de tolérance d'une société à l'égard de l'immigration étant aussi fonction du degré d'efficacité des mécanismes d'intégration, il ne faut pas s'étonner si le chaos qui règne dans le milieu scolaire contribue à accroître la frilosité à l'égard de l'immigration. Il n'est pas impossible non plus qu'en désenclavant ces écoles pluriethniques, moins de francophones soient tentés de fuir vers la banlieue, tandis que des parents allophones pourraient décider d'élire domicile près de la nouvelle école de leurs enfants, contribuant ainsi à réduire leur concentration et à faciliter leur insertion sociale. Dans certains cas, des mesures strictement administratives suffiraient. Dans Ahuntsic, par exemple, l'école primaire Saint-Benoît accueille au moins 70 % d'allophones, tandis que Saint-André-Apôtre (élémentaire elle aussi) en compte tout au plus 10 %. À environ un kilomètre l'une de l'autre, le premier jouxte des HLM et une usine polluante ; la deuxième, un parc et des unifamiliales.

La ghettoïsation est encore le lot de près de 60 % des jeunes d'origine italienne qui fréquentent des écoles anglaises quasi monoethniques. On croit à tort que notre communauté est un exemple d'intégration et de réussite. Le succès aux plans politique et économique de quelques individus fait écran aux graves problèmes d'abandon scolaire, de chômage et de drogue vécus par les jeunes. Des études tardent à nous convaincre qu'il n'y a aucune relation de cause à effet entre la situation de ghettoïsation vécue à l'école, aggravée souvent par celle des parents en milieu de travail et dans les quartiers, et certaines formes de déviance. Antipode de l'interculturalisme, l'isolement culturel des jeunes allophones ne favorise-t-il pas, dans certains cas, la perpétuation de comportements qui, même s'ils étaient courants dans les pays d'origine, ne peuvent être tolérés dans notre société ? À moins qu'un sentiment d'extrême culpabilité à l'égard des moins nantis ne nous amène à canoniser de leur vivant les immigrés en général, il faut voir dans le désenclavement de ces derniers un mécanisme d'acculturation aussi bénéfique pour eux qu'enrichissant pour le reste de la société. Il y a vingt ans, on isolait les jeunes immigrants et allophones dans les écoles anglaises ; aujourd'hui on les marginalise de plus en plus en français.

Marco Micone

Speak what

Marco Micone

Il est si beau de vous entendre parler
de *La Romance du vin*
et de *L'Homme rapaillé*
d'imaginer vos coureurs des bois
des poèmes dans leurs carquois.

nous sommes cent peuples venus de loin
partager vos rêves et vos hivers
nous avions les mots
de Montale et de Neruda
le souffle de l'Oural
le rythme de haïkaï

speak what now
nos parents ne comprennent déjà plus nos enfants
nous sommes étrangers
à la colère de Félix
et au spleen de Nelligan
parlez-nous de votre Charte
de la beauté vermeille de vos automnes
du funeste octobre
et aussi du Noblet
nous sommes sensibles
aux pas cadencés
aux esprits cadenassés

speak what

comment parlez-vous
dans vos salons huppés
vous souvenez-vous du vacarme des usines
and of the voice des contremaîtres
you sound like them more and more

speak what now

que personne ne vous comprend
ni à Saint-Henri ni à Montréal-Nord
nous y parlons
la langue du silence
et de l'impuissance

speak what
« productions, profits et pourcentages »
parlez-nous d'autres choses
des enfants que nous aurons ensemble
du jardin que nous leur ferons

délestez-vous des traîtres et du cilice

imposez-nous votre langue
nous vous raconterons
la guerre, la torture et la misère
nous dirons notre trépas avec vos mots
pour que vous ne mouriez pas
et vous parlerons
avec notre verbe bâtard
et nos accents fêlés
du Cambodge et du Salvador
du Chili et de la Roumanie
de la Molise et du Péloponnèse
jusqu'à notre dernier regard

speak what

nous sommes cent peuples venus de loin
pour vous dire que vous n'êtes pas seuls.

Marco Micone

Monsieur Montréalais francophone

Monique LaRue

Un portrait de cet animal attachant, étonnant, à travers les âges et les saisons.

Si nous avions eu un XIXe siècle, un temps pour nos Balzac et nos Zola, nous croirions volontiers qu'il existe un type montréalais francophone - englobant la Montréalaise, là n'est pas la question. Il serait à nos yeux évident que le fait d'avoir abouti dans l'est de cette ville et non pas à l'ouest, dans le bas plutôt qu'au sommet du Mont-Royal, dans le rouge brique ouvrier et non dans les verdures anglaises crée une âme unique et singulière. Une âme gouailleuse et gavroche comme il en appartient aux écrasés, une âme de *scrappe* et de *slush*, mais une âme modeste, convenable, pacifique, flottant, puisque les âmes flottent, dans des rues commerciales populaires comme la rue Masson ou la rue Mont-Royal, autour des magasins canadiens-français comme la biscuiterie Oscar, Madame Bourré, corsetière, ou Labelle Fourrures. Convaincus que l'environnement social détermine les espèces humaines, nous aurions la certitude que, Montréal ne ressemblant à rien d'autre, le ventre de notre ville ne peut qu'engendrer ses Goriot, ses Rastignac et ses Maman Vauquer.

Nous nous laisserions émouvoir par le destin romantique du Montréalais francophone, qui saisit, ressent depuis toujours, pour toujours, et pour son peuple, la nostalgie des villages et des forêts, ce deuil du royaume perdu que toutes les villes du monde savent accueillir en silence. Ou encore, nous lui attribuerions le rôle d'engendrer les fruits bâtards et inédits, surhommes ou mort-nés, qu'on voit parfois apparaître aux confins des empires en déclin. Nous proclamerions, avec enthousiasme ou ironie, qu'il lui revient, à ce Montréalais libéré de la tuque et du goupillon, de brûler une fois pour toutes la tache de la culpabilité janséniste dans le creuset de tous les érotismes cosmopolites. Humainement, trop humainement, nous nous attendririons sur les détails qui ont produit ce type si singulier, si différent : le goût du *hot dog steamé* ou de la crème glacée Lowney's, le sourire vacillant d'une citrouille d'Halloween plantée en haut d'un escalier en fer forgé, la brûlure d'une langue collée à une clôture Frost gelée, le tap-tap des bolos sur un trottoir bordé d'érables de Norvège, la joyeuse tradition de déménagements maintenue par le Clan Panneton - la liste est bien entendu interminable, nous serions, là-dessus, intarissables.

Arguant que les affiches bilingues, *La Patrie* du dimanche, le son de CKVL ou de CJMS, la voix de Roger Baulu ou du père Legault dans un appartement surchauffé, le halo d'une TV dans le noir d'un sous-sol fini, combinés au climat cyclothymique de Montréal, ne peuvent qu'engendrer un esprit particulier, et que cet esprit forme la vraie, la seule identité authentique de la plus grande ville francophone d'Amérique, nous laisserions des lapalissades sociologiques engraisser notre brouet. Nous nous mettrions en frais d'expliquer par l'esprit du lieu la phonétique grasse et ouverte du français parlé par l'habitant du vieux Rosemont, et sa stylistique nourrie de litotes, d'atténuations, d'euphémismes, de truismes, de pléonasmes, de compensations, de solécismes, de circonlocutions et de blasphèmes, tous trop enracinés dans la fardoche linguistique typique du cœur d'une telle ville, lieu du rendez-vous manqué avec les McTavish, les Nelson, les Dorchester, cousine mal famée de la despotique et unilingue Québec, celle qui nourrit en son sein les Taschereau, l'élite du peuple. Ah ! ce mot, ce mot clé, ce mot sacré du XIXe siècle aurait lui aussi un sens, un sens qui irait de soi comme le type montréalais francophone, la parole de la Saint-Jean-Baptiste et les chars allégoriques.

Faisant fi de la chronologie, nous pourrions d'ailleurs prouver que ce type s'est bel et bien incarné, naguère, en la personne de « Monsieur Montréal », alias Camillien Houde, sept fois maire de

Montréal. Son grand-père, navigateur au long cours, avait, paraît-il, fait le tour du cap Horn et connu la Californie ; son père, Azade, était un cultivateur du comté de Lotbinière devenu, à Montréal, meunier dans une usine, rentrant le soir, blanc de farine, embrasser ce petit Camillien qui sera bientôt l'élève du frère Marie-Victorin, au collège de Longueuil, de l'autre côté du fleuve Saint-Laurent, qu'on traverse encore en bateau.

À ce botaniste, son maître, authentique savant, pionnier des sciences au Québec, personnage aux amours secrètes tel que Montréal, comme toute ville qui se respecte, se devait d'en engendrer, Camillien offrira, une fois maire de la ville, un Jardin botanique qui, encore maintenant, maintenant que nous ne sommes plus au XIXe ni même peut-être au XXe siècle, reste un lieu cher aux Montréalais francophones. On aime sa serre tropicale, où le taux d'humidité est en permanence de 70 % ; on y va au mois de mars, quand la tempête de Saint-Joseph crépite sur les vitres, et que, sous les feuilles des bananiers, les écoliers suffoquent et la maîtresse d'école rêve de la Floride.

Les temps changeant, l'eau coulant sous le pont Champlain aussi vite que sous le pont Mirabeau ou sous le pont de Brooklyn, on s'y enorgueillit déjà du dernier des grands projets de type montréalais. Un projet à la mesure de cette fin de siècle, un projet qui se réalisera sans l'ombre d'un seul doute, au Jardin botanique, à l'abri du mât de la ruine détumescente, détonante, désopilante du Stade olympique. Car Montréal est certainement une ville où l'impossible joue un rôle particulier. Ne s'agit-il pas cette fois d'un biodôme, niché dans un vélodrome, recouvert d'un double toit en Plexiglas, dont l'ouverture est prévue pour le 24 juin 1992, et qui assurera certainement aussi bien que l'illustre monument à la tour abolie la vocation de Montréal pour le grandiose, pour le surhumain, assouvissant une fois de plus la passion perverse du Montréalais francophone pour le *thrill*, pour le vertige des hauteurs ? C'est la planète entière, en condensé, un échantillon des écosystèmes de la forêt boréale, de la forêt tropicale et du monde polaire, mis sous verre, que l'on s'offrira là-bas, dans l'Est. La ville, n'est-ce pas, est lieu de savoir. Et il paraît que les perroquets aras, le tamarin et autres espèces vivantes attendent dès maintenant, au parc Angrignon, d'entrer dans notre Arche de Noé.

Ainsi, décidément, ce Camillien voyait loin, il comprenait le destin de sa ville. Commis puis gérant de la banque d'Hochelaga, époux en premières noces d'une demoiselle Bourgie, et ainsi lié aux divinités psychopompes de Montréal, ce futur tribun populaire qui, entre autres promesses extravagantes à ses électeurs, fait celle de défoncer le haut-de-forme du Premier ministre Taschereau, cet homme qu'embrasent les « Donnes-y Camille », ce député qui réclame une enquête sur l'incendie du Laurier-Palace, la création de la Commission des accidents de travail, ce maire qui se concilie les faveurs d'un lord du « Montreal Star », régale de 5 000 briques de crème glacée ses invités au banquet du siècle au Stadium, cet animal politique dont le programme électoral se lit comme suit : « Un, dehors la clique ! Deux, plus vite que ça ! Trois, ça presse », ce gagnant qui rompt la tradition voulant que deux maires francophones soient suivis par un maire anglophone à Montréal, cet édile qui dote la ville de piscines, de terrains de jeux et de camilliennes, ce dissident détenu préventivement, pendant la guerre, à Petawawa puis à Fredericton, à cause de son opposition à l'inscription nationale, qu'il qualifie de conscription, ce défenseur des locataires qui fait lui-même l'aumône aux désespérés et qui doit mettre ses meubles et biens aux enchères pour payer ses dettes personnelles, ce fin causeur, ce matou increvable, cet opportuniste renaissant sans cesse de ses cendres est le premier chef d'origine urbaine et ouvrière issu de Montréal ; il a intégré les masses urbaines prolétaires au système politique québécois ; et son cas suffit bel et bien à prouver, hors de tout doute, l'existence d'une variété urbaine de type montréalais, et francophone.

Il en est certes un des plus mémorables spécimens, mais il y a aussi, dans le bric-à-brac où gonflent nos thallophytes spécifiques, le cardinal Léger, le frère André, Élaine Bédard, Dominique Michel et Denyse Filiatrault, *the Great Antonio* qui tirait des autobus avec ses cheveux et qui négocie maintenant ses photos dans les environs de la place Saint-Hubert, ou cet autre tribun au destin étincelant que fut le député péquiste de Saint-Jacques, Claude Charron, autre petit gars du peuple, autre phénix enfanté par la ville, avalé par elle, digéré par elle, remonté, grâce à elle, au sommet des cotes d'écoute locales.

Et la petite histoire se souvient du déclenchement, par le Montréalais francophone lui-même, de l'émeute du forum de Montréal, en 1955, à la suite à la suspension de Maurice Richard par un président anglais, ou d'innovations tout aussi spectaculaires dans le domaine du terrorisme urbain, et ce dès les années 60. Le Montréalais francophone est pour toujours reconnaissant au général de Gaulle de s'être adressé à lui du balcon de l'hôtel de ville. Le Montréalais francophone est de plus en plus insulaire, il a depuis longtemps largué le reste du Québec, même si le reste du Québec ne le prend pas. Au centre d'un centre sans région, dans la dernière des villes du nord de l'Amérique, il se souvient de ceux qui vont au bout des conséquences d'être né à Montréal, et il a inscrit le nom d'Hubert Aquin sous la flèche de l'église Saint-Jacques, comme il le fallait. Jean Drapeau n'est pas mort, ni son Exposition universelle, ni ses Floralies.

Le Montréalais francophone a arrêté de fumer, il ne va plus à la taverne, et il lit encore *La Presse*. Il y suit attentivement la chronique des « personnalités de la semaine ». De façon générale, il aime observer le flamboiement d'un destin personnel. Il a gardé son âme d'enfant. Il fréquente les concours de feux d'artifice du mois de juin, pour la flammèche, la verroterie, le toc, l'étincelle d'un instant, peu importe la chute subséquente. Il aime le jeu, les arcades, le loto, les grenouilles qui prétendent se faire aussi grosses que le bœuf, et qui réussissent. Il anticipe le moment où ça fait patate. Comme l'a excellemment démontré le cinéaste Denys Arcand, le Montréalais francophone est par conséquent la proie idéale pour les princes de Machiavel qui hantent stratégiquement les hauteurs de la ville. Le Montréalais francophone s'en fiche. Il n'aime pas et il n'a jamais aimé les gratte-ciel, la pollution, la finance, les grosses compagnies. Il survit, terre à terre, pragmatique, ne se prenant pas pour un autre, ne prévoyant guère plus loin que le lendemain, tête flambée, se souciant de son identité comme de sa première chemise.

C'est qu'il n'est pas du XIXe siècle. Une de ses plus puissantes caractéristiques est, justement, de n'avoir pas connu le XIXe siècle. Le Montréalais francophone est un pur produit du XXe siècle. Et ses enfants sont des adeptes de la légèreté, de la vélocité, de l'exactitude et de la multiplicité, quatre qualités essentielles, selon Italo Calvino dans ses *Leçons américaines*, au millénaire technologique, postindustriel, qui a déjà fini de commencer. Le Montréalais francophone n'a pas lu les *Leçons américaines*, il les a apprises par lui-même.

Il est un enfant qui aime teindre ses cheveux en vert fluo, porter son jean percé, et dévaler en *skate board* les rues du centre-ville ou la rampe du parc Jarry. Il craint un peu les *skin heads* aux croix gammées qui hantent le métro de sa ville, ou de se faire taxer ses souliers et sa casquette lorsque, rue Sainte-Catherine, il lorgne vers le bar les foufounes électriques ou les vitrines de néon. Mais il laisse la vitesse l'emporter, il saute les chaînes de trottoir, il défie la gravité, il a douze ans, son grand-père a été juif ou athée, japonais ou haïtien, lui il parle français, il est né dans une ville incompréhensible et il file de profil sur sa précieuse planchette, ondulant du genou, ses roulettes exactement ajustées, hippocampe urbain, les cheveux bien courts. Il manipule les *bits* et les puces, il porte en permanence un baladeur, il écoute CHOM MF. Il fréquente les dépanneurs et mange de tous les plats. Il zappe. Il pitonne. Il copie des disquettes, des cassettes, des bandes vidéo.

Le Montréalais francophone a muté. Il a la peau brune, les yeux bridés, les cheveux noirs de jais. Il vient d'arriver, il repart s'il le faut, s'il peut rester, il reste. Il a fréquenté le COFI, il parle le français de l'habitant du vieux Rosemont mâtiné de nasales asiatiques, de chuintements africains ou de roulades méditerranéennes. Il mange ou vend de la poutine au McDo. Il joue du *jack knife* et parle anglais dans les polyvalentes pour chatouiller son plus grand ennemi, l'indifférence. Le Montréalais francophone ne connaît plus le manteau de chat sauvage, la tuque de laine ni les mitaines. Il est synthétique, branché, commuté, connecté. Il a définitivement abandonné la botte de caoutchouc brun pour l'espadrille de course coussinée, gonflable, volante. Il a fréquenté la garderie, et ses parents se sont séparés bien avant sa naissance. Ainsi, qu'on soit du Liban, du Viêt-nam, du Zaïre ou du Yémen, les semelles de vent vous emportent. Car il y a les clips, les vidéos, le culte de la légèreté, le culte de la souplesse, le culte de la vitesse et de l'équilibre, les défis aux fractures du crâne, aux genoux râpés, aux chevilles foulées, les défis de Madonna, les défis au sida, les défis au taux de suicide galopant. Et Montréal est plus que jamais une énigme.

Monique LaRue

Un imaginaire amnésique[1]

Jean-François Chassay

L'apparition de Montréal dans la production romanesque francophone est relativement récente. Jean-François Chassay interroge le sens des représentations littéraires de la ville.

Le critique littéraire Gilles Marcotte ouvrait en 1987 une conférence intitulée « Montréal : désir d'une ville » en déclarant : « Il va sans dire que Montréal n'existe pas[2]. » L'architecte et essayiste Jean-Claude Marsan use quant à lui de la comparaison pour la présenter : « Paris a ses boulevards, Rome ses basiliques, Florence ses palais, Venise ses canaux. Et Montréal ? Qu'est-ce qui frappe le visiteur au premier coup d'œil[3] ? » Il concluait, après avoir dressé une courte liste des lieux les plus attachants ou les plus marquants de la ville, qu'au fond « rien de cela en particulier et tout cela en même temps » pouvait attirer le visiteur. Quant au romancier Jean Basile, il écrivait dans un roman publié en 1964, *La Jument des Mongols*, « Montréal ce n'est décidément ni Florence ses madones blondes, ni Venise sa lagune ses

1. Ce texte porte sur le roman francophone uniquement. Parler du roman anglophone ou du roman des deux communautés à la fois nécessiterait d'adopter une autre perspective.
2. Gilles Marcotte, « Montréal : désir d'une ville », dans *Berlin à Montréal. Littérature et métropole* (sous la direction de Friedhelm Lach et Hans-Herbert S. Räkel), Montréal, VLB éditeur, 1991, p. 23.
3. Jean-Claude Marsan, *Sauver Montréal. Chroniques d'architecture et d'urbanisme*, Montréal, Boréal, 1990, p. 15.

canaux, ni Babylone ses jardins suspendus et Sémiramis, ni même Carthage ses ruines, un peu Athènes cependant avec ses nombreux Grecs qui ouvrent ici et là clubs et restaurants[4]. [...] » Il aurait sans doute pu ajouter cependant « Paris américain » et « New York francophone », tant il est vrai que parfois ce fantasme de concilier le meilleur de ces deux capitales situées sur deux continents hante les Montréalais.

Ces trois commentaires se recoupent pour signaler une même absence. Montréal n'existe pas ou n'existe que par contraste et opposition, pourrait-on croire. La ville n'apparaît pas comme un symbole positif auquel il est possible de s'identifier mais naît de son absence même. Elle n'a pas encore vraiment trouvé sa place sur l'échiquier mondial. En soi, ce n'est pas dramatique et plusieurs autres agglomérations urbaines importantes se retrouvent sans doute dans cette situation. Cette quête peut même avoir du bon et stimuler l'imagination des écrivains. Ceci n'empêche pas la ville d'être souvent un véritable catalyseur romanesque. Mais il ne faut pas s'étonner, dans ce contexte, qu'on ne trouve pas de titre phare dans le corpus romanesque francophone qui marque de manière indélébile son empreinte : on chercherait en vain *Un homme sans qualité*, un *Ulysse*, un *Manhattan Transfer* ou un *Berlin Alexanderplatz* qui l'imposerait de manière spectaculaire. On ne parvient pas à détacher un (ou des) titre(s), de la même manière qu'on ne peut saisir des lieux, des images, des scènes historiques de la ville qui lui donnent tout de suite son ancrage urbain. La tour Eiffel et les cafés de Saint-Germain-des-Prés, la statue de la Liberté et la violence new-yorkaise ne reflètent pas la réalité de Paris ou New York. Ce sont des cartes postales bon marché qui illustrent des fictions, mais les villes naissent de celles-ci. Quelle fiction illustre Montréal ? Les écrivains sont encore à sa recherche comme si, malgré sa présence de plus en plus manifeste dans le roman, elle n'avait pas encore trouvé son espace littéraire.

Ce n'est pas faute d'essayer pourtant. La lecture du corpus confirme l'importance historique de Montréal dans le roman, ce qu'on commence à peine à reconnaître. Un des lieux communs les plus persistants de la critique littéraire consiste à dire que la ville fait

4. Jean Basile, *La Jument des Mongols*, Montréal, Éditions du Jour, 1964, p. 13.

son entrée dans le champ romanesque lors de la parution de *Bonheur d'occasion* de Gabrielle Roy (prix Fémina 1947). En réalité, il faut remonter beaucoup plus loin dans le temps pour la voir apparaître. Dès 1846, moins de dix ans après la publication du premier roman québécois[5], *La Terre paternelle*, de Patrice Lacombe, devenait à la fois le premier roman de la terre et le premier roman urbain. La mention de ce titre (dont il ne faudrait pas exagérer l'intérêt littéraire...), le premier à mettre Montréal en scène, ne repose pas uniquement sur des raisons anecdotiques. En opposant, dans un roman entièrement situé sur l'île de Montréal, la campagne à la ville, et en délimitant celle-ci en quartiers fortement caractérisés, Lacombe mettait au jour une tension qui marquera le roman pendant plusieurs décennies.

Le discours critique a longtemps insisté sur l'importance du « roman de la terre » qui se serait imposé quantitativement et qualitativement au Québec. En réalité, si les romans moralistes abondent, ils ne se situent pas tous, loin de là, dans un cadre de vie paysanne. Présentée comme étant essentiellement agriculturiste (alors que les statistiques démontrent qu'elle devient majoritairement citadine dès le début des années 20), la société québécoise affirme pourtant très tôt sa dimension urbaine dans le roman. Toutes proportions gardées, et chiffres à l'appui, on se rend compte que le roman québécois se révèle plus montréalais dans les années 30 que dans les années 70. Le mythe d'un roman essentiellement paysan et agriculturiste ne résiste pas à la lecture des textes. Pas de rupture donc, pas d'attrait subit pour la réalité urbaine depuis une décennie ou deux, comme on le laisse encore souvent entendre.

Pourquoi alors cette impression ? D'abord, parce que pendant longtemps l'existence de la ville est fugace : on sent bien sa présence, manifestement le roman s'y déroule, mais on a aussi l'impression d'un passage éphémère, comme si elle n'était pas absolument nécessaire. Certes, la topographie urbaine renvoie à Montréal mais on a souvent le sentiment que le roman pourrait se dérouler ailleurs. Bref, il s'agit d'un décor, souvent convaincant, mais rarement encore d'un « personnage », d'un axe central sans lequel la narration ne pourrait fonctionner.

Depuis environ trois décennies, et à un rythme de plus en plus

5. *L'Influence d'un livre*, de Philippe Aubert de Gaspé fils, paraît en 1837.

rapide, la physionomie de la ville a subi de multiples transformations. L'individu aliéné ou écrasé par Montréal, tel qu'on le retrouve souvent dans le roman des années 50 et au début des années 60, a laissé place à un citadin conscient des possibilités offertes par le monde urbain. On fait plus qu'y habiter (par nécessité, pour y travailler), on y vit réellement, traçant les contours d'un espace souvent ludique, délinéant les souvenirs qui s'y enracinent, déterminant des choix essentiels. Le texte se confond avec la ville, est alimenté par l'écriture et les événements produits par celle-ci. Nombreux sont les romans et nouvelles marquants des vingt-cinq dernières années, inimaginables sans la présence de Montréal : *Le Matou* (Yves Beauchemin), *French Kiss* (Nicole Brossard), *Le Nez qui vogue, L'Hiver de force, Dévadé* (Réjean Ducharme), *La Folle d'Elvis, L'Hiver au cœur* (André Major), *Maryse, Miriam Première* (Francine Noël), *La Vie en prose* (Yolande Villemaire), les cinq tomes des *Chroniques du plateau Mont-Royal* (Michel Tremblay), etc. La place prépondérante prise par Montréal chez certains romanciers consacrés a son équivalent dans la nouvelle génération d'auteurs (Antonio d'Alfonso, Francine d'Amour, Louis Hamelin, Christian Mistral, etc.). Le paysage montréalais est devenu indispensable et déborde ses propres limites. Lieu de l'information, la ville s'ouvre sur le monde. Complexe, multiple, l'espace du texte s'élabore de plus en plus souvent à son image. Une grande partie de la prose la plus dynamique et la plus novatrice des dernières années est déterminée par la présence de Montréal.

Pourtant, quitte à être polémique, on pourrait s'aventurer à dire que le roman montréalais n'a pas changé fondamentalement depuis le début du siècle. Certes, les personnages romanesques s'identifient bien davantage à la ville, en connaissent ses composantes et se retrouvent en elle, mais cela ne suffit pas (et répond parfois d'abord et avant tout à un narcissisme exacerbé). Rares sont les romans où on interroge vraiment la réalité de Montréal, où on tente de percevoir de manière critique ce qu'elle représente. Le roman n'a pas su jusqu'à maintenant proposer une archéologie de la ville et de sa culture, une véritable épistémologie romanesque. Certains romans, certains romanciers travaillent en ce sens mais le puzzle demeure pour l'instant fort incomplet. En conséquence, la culture montréalaise vit difficilement dans le roman. On *nomme* les lieux culturels (l'importance accordée aux noms de lieux, tout comme à l'onomastique par ailleurs, est énorme dans le roman montréalais contemporain), défilant devant ceux-ci, mais sans y entrer, sans les situer dans leur cadre culturel. Leur existence est d'abord passive. On ne parvient pas à traverser le miroir, à dépasser les façades pour s'arrêter sur ce qui fonde Montréal et permet de l'*inventer*.

Toute ville possède une histoire, un espace mnémonique singulier, et son existence se situe à la fois dans l'espace horizontal de sa structure physique et dans l'espace vertical de son histoire. C'est justement cette dernière qui semble cruellement faire défaut au roman montréalais. Au moment où la ville fête son trois cent cinquantième anniversaire, on ne peut que souligner cette absence. Montréal est de plus en plus une présence concrète, active, dynamique dans le roman, mais sans passé, coupée d'elle-même comme si elle n'avait de sens que dans la plus immédiate contemporanéité. Les traces de Montréal, les signes de son histoire se sont effacés et il ne reste que le présent, au point que le lecteur peut se demander quel sens donner à cet anniversaire.

Entre la cité européenne et son riche passé d'une part, et l'irruption de la ville américaine d'autre part, le roman montréalais semble manifestement avoir choisi cette dernière. Alors que le trois cent cinquantième anniversaire de Montréal coïncide avec le cinq centième de la découverte de l'Amérique, il faudrait sans doute porter plus d'attention à l'importance de la culture des États-Unis dans le roman montréalais. Et pourtant, le roman américain présente souvent des personnages obnubilés et torturés par cette absence de l'histoire, au point que ce sujet devient un des moteurs premiers de la narration. Le roman qui s'inspire du monde urbain n'y échappe pas et *Le Bûcher de Times Square* de Robert Coover en serait un exemple caractéristique. Le roman montréalais n'en est pas encore là, il n'a pas pris en charge sa propre amnésie. L'absence de passé ne pèse pas encore lourd chez les romanciers. Mais l'« inexistence » de cette ville sera toujours aussi importante, tant qu'on ne cherchera pas à comprendre ce qui la fonde et d'abord à fouiller son passé. Malgré son indéniable rôle de catalyseur dans la littérature québécoise, Montréal est toujours à la recherche de son existence romanesque.

Jean-François Chassay

Les comptoirs de la culture

Daniel Latouche

On ne la classe pas spontanément dans le club des grandes capitales des arts. Pourtant Montréal affiche une vitalité culturelle digne d'être enviée par plusieurs villes du continent.

Lorsqu'ils parlent d'art et de culture, les Montréalais commencent toujours - prudence oblige - par rappeler que Montréal n'est pas Paris, Londres et encore moins New York. Et ils ont bien raison. En effet, les musées de Montréal la font bien mal paraître à côté de Paris, et le théâtre n'y est que copie, sur un mode bien mineur, de la scène londonienne. Quant à la musique, aux galeries ou à la danse, New York, s'empresse-t-on d'ajouter, est la seule capitale qui compte vraiment. Ce n'est pas tant que les Montréalais pratiquent l'humilité, mais ils aiment bien montrer qu'ils ne sont pas dupes de leur propre discours et qu'ils sont au fait - au courant vont-ils dire - de leur place dans l'ordre universel des choses de la culture.

Montréal est la capitale de tout et de rien. Elle n'a pas de signature culturelle bien particulière et, à part les phrases creuses qui la décrivent comme la « ville aux confluents de l'Europe et de l'Amérique », on voit mal ce qu'on peut dire d'intelligent à son sujet, culturellement s'entend. Fin de la discussion ? Pas vraiment, puisqu'il faut quand même expliquer qu'une ville, somme toute fort moyenne pour ce qui est de sa population ou de son importance économique, en mène si large pour ce qui est de la vitalité culturelle. Elle n'est pas Paris certes, mais elle n'est pas Philadelphie ni Madrid non plus. Alors quoi ? À une époque, celle d'un prétendu nouvel ordre mondial, on ne peut saisir le sens d'une ville que si on arrive à la situer dans une hiérarchie où chaque ville joue son rôle et occupe la place qui lui revient. Ni plus, ni moins.

L'insoutenable comparaison

Commence alors l'interminable travail de trouver les points de comparaison valables. Florence ? Soyons sérieux. Montréal a été fondée en 1642 et il reste bien peu de choses d'avant 1850. Et puis à Florence, il n'y a que cinq cinémas et deux troupes de théâtre. On s'y ennuie ferme dès que les musées sont fermés, c'est-à-dire souvent. Copenhague ? Trop petit et beaucoup trop danois. Lyon ? Oui, peut-être, mais Lyon n'a de sens que lorsqu'on sait qu'il y a aussi Paris. Et Montréal n'a pas de capitale - pour Lyon, c'est Paris, pour Chicago, c'est New York - contre laquelle se définir. Certainement pas Toronto, la métropole culturelle d'un Canada anglais qui ne cesse de se demander s'il existe vraiment.

Montréal aurait plutôt le problème inverse. Elle s'affuble de tant de définitions qu'elle ne peut toutes les soutenir : capitale culturelle du Canada, vitrine du Québec, cœur artistique de l'Amérique française, noyau nord-américain de la francophonie, foyer du biculturalisme canadien.

Dans la recherche d'équivalences, quelques noms reviennent parfois. Barcelone, San Francisco, mais c'est davantage pour témoigner d'un certain style et d'une prétention à la différence par rapport à un milieu ambiant jugé peu favorable à la culture. À San Francisco, il y a belle lurette que tout ce qui comptait comme créativité a foutu le camp à Los Angeles. On ne maintient en place que ce qui est nécessaire à la réputation d'une ville dont la saison théâtrale se limite à de courts séjours de troupes new-yorkaises. Les « Cable Cars » et le « Golden Gate », voilà ce qui compte. Montréal n'a pas de modèles, d'équivalents et encore moins de disciples. C'est la solitude culturelle par excellence, une sorte de baroque du désordre où l'offre dépasse parfois la demande, où les créateurs arrivent souvent à se passer de publics et où tout est toujours à recommencer dans une ville qui, comme toutes celles du continent, préfère démolir que contempler.

François Mitterrand n'apprécierait guère Montréal. La culture n'y est guère visible. Elle n'a pas cet éclat qui la fait apprécier du prince. Aucun prince local n'a d'ailleurs jamais eu le goût de la remodeler à son image. Trop de travail probablement. Et elle ne se laisserait pas faire. Ici la société est en lutte ouverte contre un État qui conserve encore dans ses cartons tant de magnifiques plans pour la refaire. À Montréal, on a vite fait le tour des grands équipements de la ville et l'un des cauchemars des Montréalais est de trouver quelque chose à montrer à ces amis français ou américains qui débarquent. S'ils arrivent de Québec, il est difficile de les intéresser aux églises et aux places du Vieux-Montréal. Ils ont déjà vu l'allure que pouvait avoir une vraie ville « historique ». En transit des États-Unis, on ne peut tout de même pas les forcer à admirer le profil des gratte-ciel du centre-ville, tous plus ordinaires les uns que les autres.

Voilà bien le paradoxe culturel de Montréal. Sur tous les plans, on peut trouver mieux - plus grand, plus beau, plus riche, plus vieux - ailleurs. À l'heure de l'exclusivité et du *unique selling proposition*, c'est ce qui rend fou les promoteurs officiels de la ville. Celle-ci n'a jamais pu se discipliner au point d'offrir un tableau cohérent. Elle n'a pas d'espaces publics qui lui renverraient avec conviction une image digne d'elle-même. Pas de Ramblas, de Champs-Élysées, de Soho ou de West-End. Pas la moindre petite Grand-Place. C'est la ville postmoderne par excellence, où les emprunts et les juxtapositions insolites dominent. Seul l'hiver et la neige lui façonnent un paysage où elle se reconnaît. La neige à Montréal, c'est l'Arno à Florence. Le désordre, c'est aussi ce qui fait le bonheur des Montréalais car, ainsi, ils n'ont pas à choisir. Ils se contentent de ces multiples identités, jouant l'une contre l'autre. Ce que les Montréalais apprécient ? D'avoir rapidement à la portée de la main un peu de tout. Ils ont alors l'impression de ne plus savoir où donner de la tête. Et rien n'illustre mieux cette frénésie que le cinéma.

En cette semaine d'automne, on trouve à Montréal les dernières productions de Kieslowski, Agnès Varda, Gérard Corbiau, Chabrol, sans compter les films américains sortis depuis dix jours et tous ces films québécois que les Français ne verront jamais. À la fin août, on se précipite au Festival des films du monde où le directeur, M. Serge Losique, tente désespérément de maintenir en vie le mythe que, après Cannes et Berlin, il y a maintenant Montréal. Pour l'instant, les Montréalais font semblant d'y croire et se précipitent sur le moindre navet turc ou chinois. Fin octobre, son *archirival*, le Festival du nouveau cinéma, prend le contrepied de tout ce que le FFM prétend offrir. Le résultat est époustouflant : en deux mois, 400 films viennent et s'en vont. Tout est prétexte à organiser un festival de cinéma : il y a celui de la nouvelle vidéo, celui des films scientifiques, celui des films d'art, la Quinzaine du cinéma québécois, celle de la francophonie, celle du film multiculturel, du jeune cinéma. C'est aussi à Montréal que se concentrent toutes les grandes institutions cinématographiques du pays : l'Office national du film, la Cinémathèque, Téléfilm Canada. C'est ici que vivent les cinéastes, les producteurs et les banquiers. C'est ici qu'on tourne. L'administration municipale a même son service spécialisé, un groupe de commandos du décret qui, en un instant, font fermer une rue, dégager une perspective et nettoyer un parc.

Le cinéma est partout à Montréal, mais Montréal est rarement au cinéma. C'est à Montréal qu'on venait lorsqu'il s'agissait de filmer le Moscou d'avant la perestroïka. C'est encore Montréal qu'on utilise pour donner à moindres frais l'illusion de Vienne, de New York, des cafés parisiens et des banques londoniennes. Ville d'ailleurs, ville de rassemblement temporaire, Montréal demeure fidèle à son intention première, celle du comptoir et du lieu d'arrêt obligatoire avant de s'enfoncer vers l'intérieur ou de revenir vers la civilisation. À Montréal, on célèbre la culture des autres et on y pratique le multiculturalisme comme s'il s'agissait d'une deuxième nature.

Tout le discours sur le métissage culturel fait bien rire les Montréalais, surtout lorsqu'il débarque encore tout chaud d'un bain théorique parisien. Il faut dire que Montréal a la conviction d'avoir gagné énormément au change. Depuis trente ans, ses romanciers, ses poètes, ses dramaturges, ses sculpteurs se sont pris pour d'autres et ils ont raconté leurs découvertes à un public avide de rencontres. Lorsqu'il débarque à Paris, Dublin, Londres ou Stockholm, le Montréalais a l'impression d'un déjà-vu familier. Il est chez lui, dans sa cour. Au Québec, la vie culturelle a implosé depuis 1960 et de ces implosions tranquilles qui se laissent facilement apprivoiser. Tellement qu'à chaque année on apprend qu'un célèbre romancier français est venu s'y installer, remplaçant l'illustrateur suisse ou le chorégraphe belge qui eux repartent. La ville-comptoir s'accommode bien de ces échanges de passage.

La richesse des pauvres

Vous aimez l'*underground* ? Le vrai, pas celui des boutiques de luxe de Soho ou des souvenirs nostalgiques de Saint-Germain-des-Prés, alors vous allez être servis à Montréal. L'*underground* fait surface partout. D'abord parce que tous les artistes ou à peu près y gagnent des salaires de famine. Le marché est tellement exigu et eux sont si nombreux qu'environ 70 % sont officiellement classés comme vivant sous le seuil de la pauvreté. Les administrations, celle du pays (Ottawa), de la nation (Québec), de la ville (Montréal) ou même de la région, sèment à tous vents des miettes de subventions qu'on s'arrache en espérant mieux l'année prochaine. Depuis dix ans, on a découvert le partenariat public-privé et le moindre boutiquier s'est transformé en mécène. Regardez une affiche. Vous y trouverez immanquablement une demi-douzaine de logos d'entreprises.

Les équipements culturels ! N'en parlons pas. Montréal est la capitale mondiale du recyclé, des fonds de cour retapés, des églises réaménagées, des anciennes écoles bricolées. Beaucoup de « cachet », mais il ne faut surtout pas informer le Service des incendies que vous allez tenir une représentation dans un ancien couvent, il pourrait vous forcer à démolir un mur, même patrimonial, pour faciliter l'évacuation. Les créateurs se plaignent, le public aussi. Mais que faire dans une ville où le taux de chômage atteint maintenant 15 % ? Tant que la saga du statut politique du Québec n'aura pas été menée à terme, il ne saurait être question d'élaborer une politique culturelle où chacun y trouverait son compte. En attendant, c'est la course à la création. On s'agite et beaucoup, question de se donner l'illusion du mouvement. Il y a trop de mauvais romans, trop de mauvais poèmes et trop de pièces ennuyantes. Mais en l'absence de code ou de bonne manière culturelle, allez donc savoir lesquels.

Devant la moindre représentation, les Montréalais demeurent polis et respectueux. À l'occasion, une petite huée vient rappeler aux artistes qu'il ne faut quand même pas exagérer. Le droit à l'erreur est ici sacré. Il justifie toutes les critiques. Et dans une société tricotée de façon aussi serrée, la moindre maille est importante. Tous les prétextes sont bons et les espaces ne manquent pas dans une ville où, il n'y a pas si longtemps, à peine trente ans, les principaux lieux de rassemblement étaient les salles paroissiales. Il existe sur le seul territoire de la ville centrale 500 équipements culturels, 496 pour être exacts. C'est l'embarras du choix.

Les équipements culturels à Montréal

123	galeries et centres d'exposition
88	librairies
79	salles de cinéma
69	salles de spectacle
44	studios et ateliers de production
32	bibliothèques publiques
28	cafés-spectacles
21	musées et centres d'interprétation
12	lieux de grands rassemblements

Source : *Les Équipements culturels à Montréal : déploiement géographique et insertion spatiale*, Montréal, INRS-Urbanisation, 1990.

On s'explique mal l'engouement des Montréalais pour le théâtre. Toujours durant cette semaine d'automne bien ordinaire, 21 troupes se bousculent aux portes avec des créations québécoises, des traductions américaines et italiennes, la trilogie de Michel Tremblay et d'André Brassard, sans compter le théâtre yiddish. C'est une petite saison où chacun se ressent de la crise économique. Petite saison, mais pendant laquelle on inaugurera pas moins de quatre nouvelles salles, pensées et construites spécialement pour le théâtre. Se pourrait-il qu'on ait enfin reconnu la nécessité pour le théâtre d'avoir ses murs et ses meubles bien à lui ?

On a cru un temps que cette prise de parole publique correspondait à un besoin du peuple québécois de se voir et surtout de s'entendre tel qu'il était. C'était peut-être vrai en 1965, ça l'est sûrement moins vingt-cinq ans plus tard. Plus personne ne s'émerveille d'entendre des personnages parler *joual*, et rares sont ceux qui tenteraient leur chance à mettre en scène les problèmes de l'identité québécoise ou de l'interminable saga du nationalisme québécois. On a cru aussi que les dramaturges n'auraient plus rien à dire une fois qu'ils auraient tout dit sur les angoisses de la nation ou les affres de la pauvreté. Or, ils ont continué à parler. De l'individu, de la famille, du bonheur, de l'absurde, du couple, de l'ensemble de ces petits riens qui font le tout de la société. Et les spectateurs ont continué à venir. Pourtant, ils ont à leur disposition 30 chaînes de télévision : des publiques, des privées, des américaines, des canadiennes, des québécoises, une européenne.

Tout le monde court. Pas question de faire comme à New York ou Londres et de tenir une pièce à l'affiche pendant toute la saison. Un petit tour de trois semaines et hop, il faut céder les planches. Le monde fait la queue ? Tant pis. La nouvelle création de Robert Lepage est prévue pour mardi. Et si elle s'avérait un succès aussi flamboyant que sa *Trilogie des Dragons* ? Tant pis aussi. *Carbone 14* attend en coulisse. En 1988, on a voulu faire comme à New York et Londres, et installer un guichet de billets à moitié prix pour les invendus de la journée. L'idée fut vite abandonnée lorsqu'on réalisa que, avec un taux de fréquentation moyen de 85 %, la matière première aurait été plutôt rare. Ça n'a aucun sens, ne cessent de répéter les artistes. Pas le temps de s'installer dans un rôle. Pas le temps de devenir star.

Les Montréalais aiment la musique, toutes sortes de musique, et leur naïveté en la matière est parfois touchante. Pour une ville aussi divisée linguistiquement et politiquement, les activités musicales constituent un terrain neutre, le lieu de rencontre par excellence. Est-ce un hasard si le chef attitré de l'Orchestre symphonique de Montréal est un Suisse ? L'orchestre ne donne pas moins de 135 concerts annuellement, un sommet parmi les formations de ce genre. À défaut d'avoir leur salle bien à eux, on les retrouve partout : dans les églises, les parcs et même dans les arénas plus habitués à voir évoluer des joueurs de hockey que des violoncellistes.

L'Opéra de Montréal, les variétés lyriques, la musique de chambre, les groupes d'instruments anciens, le chant choral, la musique contemporaine, tout ce beau monde se bouscule aux portes pour jouer, comme si les Montréalais avaient l'impression que, le jour où l'on cesserait de jouer, il faudrait alors confronter les problèmes par des mots. En juillet, tout le centre de Montréal est pris d'assaut par le jazz. Pendant dix jours, on ferme des rues, on échafaude des auditoriums et on couvre des rues d'immenses abris gonflables. Le Festival international de jazz est en ville. Pendant ces journées folles, les Montréalais se plaisent à se rappeler qu'ils sont aussi des Nord-Américains et que cette musique urbaine par excellence leur appartient tout autant qu'aux New-Yorkais.

Pour ne pas se marcher sur les pieds

L'agglomération montréalaise comprend quelque 3 millions d'habitants ; les deux îles qui en sont le cœur environ 2 millions et la ville comme telle 1 million. Des agglomérations de cette ampleur, l'Amérique du Nord en connaît au moins deux dizaines. Detroit, Baltimore, Washington, San Diego, Dallas, San Francisco, Philadelphie et Boston. Deux millions, c'est le chiffre magique pour avoir un orchestre symphonique qui se respecte, deux troupes de théâtre professionnel, un musée d'art contemporain, un musée des beaux-arts et un festival culturel annuel.

Le dynamisme culturel montréalais s'explique d'abord par la coexistence, toujours pacifique mais méfiante quand même, des deux groupes linguistiques. Il y a en fait trois marchés culturels à Montréal. Environ 1 million d'anglophones y vivent. C'est l'une des principales concentrations du Canada - après Toronto et Vancouver - et dont l'importance ainsi que la richesse suffisent pour l'inscrire dans le circuit des principaux marchés nord-américains. Cette communauté dispose de deux universités, de deux chaînes de télé, d'une dizaine de chaînes radio et d'une infrastructure culturelle qui ferait l'envie de bien des villes du continent. Évidemment, l'image culturelle qui prédomine dans leurs médias de Montréal est celle des États-Unis. Le contraire aurait été surprenant pour une ville située à moins de 100 kilomètres des États-Unis. C'est l'image dominante, mais ce n'est pas la seule car il existe maintenant une culture anglaise québécoise distincte et qui s'est érigée tantôt en marge, tantôt en symbiose et le plus souvent en opposition à la culture française. Les Montréalais francophones ne s'en plaignent pas trop. La moindre affiche anglaise dans les rues de Montréal les énerve.

Ce qui les énerve encore plus, c'est quand le gouvernement du Québec, bien installé dans son petit univers de « Québec-ma-chère », décrète que dorénavant les films américains devront être présentés en version française. Alors, c'est l'émeute.

Il y a une littérature, une poésie et un théâtre anglais à Montréal qui est à la fois celui d'une minorité avec tout ce que cela inclut comme revendication et affirmation, et celui de deux majorités, la majorité anglo-canadienne et la majorité anglo-américaine. Et lorsque ce théâtre décide de jeter un coup d'œil sur le contexte politique et social dans lequel il évolue, les résultats sont parfois surprenants. Ainsi, seul David Fennario, dans sa pièce *The Death of René Lévesque*, pouvait se permettre de questionner le mythe québécois par excellence.

C'est à cause de ce million d'anglophones que Montréal reçoit certaines grandes productions américaines, *The Phantom of the Opera* ou *Cats*. Les résultats sont parfois étonnants comme dans le cas des *Misérables*, présentés alternativement dans leur version anglaise et dans une version française. Mais heureusement qu'il n'y en a qu'un million. À Toronto, ils sont trois millions et l'importation massive du théâtre américain a vite fait de tuer toute initiative théâtrale locale. Montréal profite de l'isolement et de la spécificité culturelle de sa population. Le marché est petit, mais il est captif. Personne ne songerait à venir nous le voler. La neige, cela protège.

C'est probablement dans la danse qu'il n'est pas entièrement ridicule de parler de Montréal comme d'une convergence entre l'Europe et l'Amérique. Est-ce parce que les Montréalais et les Québécois sont si mal dans leur peau et qu'ils souhaiteraient tous être ailleurs qu'ils apprécient tellement le mouvement ? La danse montréalaise s'exporte facilement vers les États-Unis et les échanges avec New York sont particulièrement féconds. Régulièrement, le Festival de la nouvelle danse fait fureur, et les Montréalais se plaisent à souligner que les critiques de New York viennent voir ici ces troupes qui débarqueront chez eux l'année suivante.

L'académisme institutionnel n'a jamais eu la chance de s'établir à Montréal : trop petit, trop pauvre, et il n'y a pas au Québec de ces grands textes officiels où s'exprime l'âme du peuple et que le pouvoir politique aime bien voir représenter. Aline Gélinas l'a bien résumé : « En France, puisqu'ils l'ont écrite, les chorégraphes se sont condamnés à se situer par rapport à l'histoire dès qu'ils proposent un pas, un geste. Irrésolus face à cette crise du code, ils choisissent souvent, au sein même de leur danse, de ne plus danser. Ils préfèrent théâtraliser le mouvement, suivant en cela l'exemple des Allemands. » Et les Américains ? « Ils ont été soumis ces dernières années, continue-t-elle, à l'impératif d'une productivité qui tend à uniformiser les corps des danseurs. Ils ont connu le cul-de-sac du formalisme et, paradoxalement, à la suite de la révolution postmoderne des années 60 menée contre toute virtuosité, celui de l'entière liberté[1]. » On revient donc à la liberté, celle d'être tout ce que l'on veut bien être.

1. Aline Gélinas, « La danse d'ici », *Forces*, numéro 84, 1989, p. 46.

La ville qui rit

Gilbert Rozon

Les Montréalais, eux, rigolent fort, de tout, et depuis belle lurette. Ils ont un festival rien que pour ça...

Bon an mal an, des centaines d'artistes, de comédiens, de producteurs viennent d'Hollywood, de New York, de Paris pour participer à ce qui est maintenant établi à travers le monde comme *le* Festival mondial de l'humour. Cet été, ils étaient plus d'un demi-million à participer au festival « Juste pour rire » au cours duquel 350 artistes provenant de 17 pays ont présenté leur spectacle. Un énorme marché, sans doute, mais d'abord une grande fête populaire, une sorte de carnaval d'été pour lequel des milliers de familles réservent leurs vacances annuelles.

Et les humoristes québécois sont prophètes en leur pays : quatre des dix émissions de télévision les plus populaires sont des spectacles comiques. Le plus grand succès de théâtre de l'histoire est une comédie, *Broue*, nom populaire donné ici à un autre divertissement local : la bière. Une centaine de théâtres présentent chaque été un programme composé tout spécialement de comédies. Montréal possède la seule École nationale de l'humour au monde et un exceptionnel programme d'enseignement pour favoriser l'apprentissage du français par le rire, chez les jeunes de douze à dix-sept ans : « Jeunes pour rire ». En 1992, elle se dotera du premier musée ayant pour mission de célébrer, ennoblir et conserver l'humour mondial, d'Aristophane à Chaplin, de Molière à Woody Allen ! Bref, Montréal est en train de s'établir comme la capitale mondiale de l'humour ou, comme j'aime bien le dire, de devenir la ville la plus drôle. Comment expliquer une consécration de ce genre pour une ville, tous comptes faits, de proportion relativement modeste avec ses 3 millions d'habitants quand on la compare aux grandes métropoles du monde ?

Chose certaine, ce n'est certes pas le fondateur de la ville, le sieur Paul de Chomedey de Maisonneuve, ce dévot imbu de la mission sacrée de convertir le plus grand nombre de « sauvages » à la foi chrétienne, qui a semé la mauvaise graine de la blague, de l'ironie ou, pire, de la satire et de l'absurde en cette ville désignée dès sa naissance comme l'avant-poste de la mission catholique au nord de l'Amérique. Peut-être tout a-t-il commencé, comme tellement de choses ici, par la Conquête de 1763 ? La Conquête, c'est la cession de la Nouvelle-France à la Couronne britannique suite à sa victoire sur la France lors de la bataille des Plaines d'Abraham, à Québec. On sait jusqu'à quel point l'événement a marqué l'imaginaire des Québécois - et pas seulement leur imaginaire ! - au cours des deux derniers siècles.

Mais ce que peu de gens savent, c'est que la Nouvelle-France est devenue du coup la première colonie de l'histoire conquise par un... caricaturiste ! En raison de la mort du général Wolfe au combat, c'est en effet le brigadier général George Townshend, par ailleurs un des meilleurs caricaturistes britanniques de son temps, qui fut chargé de recevoir la reddition des troupes françaises. L'histoire peut tellement être drôle quand on lui donne un coup de main que le dénommé Townshend avait fait de Wolfe lui-même une de ses têtes de Turc préférées ; il lui aurait reproché en particulier sa fâcheuse habitude de parler français avec les autres officiers, comme cela était encore souvent le cas chez les aristocrates anglais du temps. Je ne crois pas tellement aux signes du ciel mais, si j'y croyais, ce serait à cause d'incidents comme ceux-là.

Townshend ou pas, la Conquête posait deux conditions propices à l'émergence de l'humour québécois. Elle faisait des Français d'Amérique un peuple dominé, étranger au pouvoir, un peuple, donc, sensible au réconfort que peut procurer l'humour dans des circonstances comme celles-là. Un humour par lequel on n'hésite pas à se moquer de ses travers mais aussi d'une autorité à la légitimité bien fragile. Comme l'exprime si bien cet humour juif nourri des brimades réservées au peuple juif dans les ghettos d'Europe de l'Est. Mais, esprit normand oblige, la Conquête nous ouvrait, par effet pervers, à l'influence - ô combien perverse ! - de l'humour britannique et, par la suite, de son rejeton américain dont on ne cesse... de profiter encore aujourd'hui.

Dès la fin du siècle dernier, Montréal devient un passage quasi obligé de toutes les grandes compagnies de vaudeville avec les George Burns, W.C. Fields, Bob Hope et Fred Karno. La rue Saint-Laurent, la Main, comme on l'appelle encore parfois, celle qui divisait l'Ouest anglophone et l'Est francophone, devient un des hauts lieux de la comédie en Amérique. C'est même un Québécois d'origine, Michael Synnott, qui a fait son école en français à Pointe-aux-Trembles, qui amène Charlie Chaplin au cinéma et en Amérique. Les cinéphiles le connaissent mieux sous le nom de Mack Sennett, le grand roi du cinéma muet des années 20.

Dans les années de la prohibition de l'alcool qui a fait si mal aux clubs de variétés aux États-Unis, Montréal sert de repli stratégique aux grands comiques américains. C'est à cette grande école du vaudeville et du burlesque que s'est formée la première génération moderne de comiques québécois. Les Ti-Zoune, père et fils, La Poune, Manda, La Bolduc et autres noms aussi drôles que familiers encore aujourd'hui. On y adaptait les canevas américains aux réalités d'ici : Broadway préférait les triangles amoureux, la Main, elle, riait aux scènes des demandes en mariage refusées par des parents trop sévères. Comme une revanche de la commedia dell'arte !

Et de Montréal, on partait en tournée à travers la province, partout où il y avait des routes, ce qui n'était pas évident jusqu'aux années 50, et partout où monsieur le Curé donnait son *nihil obstat* parce que, en province, le burlesque se jouait dans les sous-sols d'église. Après avoir éliminé les scènes un peu trop... on se comprend ! De l'humour à l'américaine sous surveillance, donc, mais qui s'alimentait aussi à ses origines françaises parce que Fernandel et Raimu, les films de Pagnol, les chansons de Trenet étaient aussi populaires ici que Bob Hope, W.C. Fields ou Bing Crosby. Un humour français qui ne cessera de reprendre sa place ici avec ces deux grands progrès du siècle, le cinéma et les voyages transatlantiques !

Encore aujourd'hui, le Québec est sans doute le seul lieu de la planète où Mary Tyler Moore et Bill Cosby sont autant des célébrités que Pierre Richard et Raymond Devos. Un de ceux qui ont le plus contribué à cette double influence est sans doute Jacques Normand. Tout juste revenu, au début des années 50, de Paris où il fréquente les Félix Leclerc, les Raymond Lévesque, il transplante ici la boîte de chansonniers parisienne. Le nom de son premier cabaret ne trompe pas, le Saint-Germain-des-Prés, suivi des Trois Castors, ce qui faisait quand même un peu plus... canadien. C'est là que s'épanouira tout une nouvelle génération d'humoristes influencés par Fernand Reynaud et Raymond Devos, et que se décocheront en même temps les premières flèches contre le régime clérical et autoritaire de Maurice Duplessis ; ce qu'on appelait la Grande Noirceur.

C'est justement avec les années 60 et la révolution tranquille que ce magnifique potentiel de dérision s'épanouit, se diversifie, pour tout dire, s'éclate. On a dit et redit combien ce mouvement a ébranlé en quelques années à peine deux siècles d'autoritarisme et d'obscurantisme. Ce qu'on a peu dit cependant, c'est combien l'humour a été un ferment essentiel de ce mouvement en exprimant, de manière tellement drôle et tellement efficace, la révolte de la jeunesse contre une autorité morale et politique complètement dépassée. Des insolences d'un frère Untel, signe avant-coureur de la révolution, à l'humour débridée des Cyniques, ou de l'Ostid'Show qui consacrait du même coup Yvon Deschamps, notre grand monologuiste, et Robert Charlebois. Je me rappelle encore de cette scène où Charlebois et Deschamps demandaient à tous les vrais Québécois dans la salle de se lever - ce que nous faisions tous avec un enthousiasme bien naïf - pour ensuite leur lancer qu'ils n'avaient plus à se demander pourquoi le mouton était leur emblème national !

L'humour québécois n'allait plus jamais être le même. Mais ce qu'il y a de plus original dans l'évolution des dernières années, qui nous a donné entre autres *Le Déclin de l'empire américain* de Denys Arcand, c'est le mariage des genres auquel nous avons assisté. Loin de s'exclure, l'humour plus social et intellectuel des Cyniques, de Deschamps, de Sol, le clown qui joue avec les mots comme d'autres peuvent jongler, et celui plus vaudeville, plus cabaret, des Olivier Guimond et Dominique Michel se sont enrichis mutuellement. C'est ainsi que ce génie du vaudeville et du burlesque qu'était le grand Olivier Guimond restera pour toujours associé à sa satire de l'occupation militaire lors de la Crise d'octobre 1970.

À partir de ce moment, l'humour explose dans toutes les directions : revues humoristiques d'actualité à la télévision dont le « Bye Bye » de Radio-Canada, qui est à chaque nouvelle année l'émission la plus attendue ; création de ce phénomène original des théâtres d'été avec un programme de comédies légères ; création de deux magazines humoristiques mensuels ; émissions d'humour quotidiennes dans la plupart des réseaux radiophoniques privés ; des spectacles comptant pour près de la moitié de recettes de tous les spectacles de scène au Québec. Et autre fait qui ne trompe pas : c'est aussi avec l'humour qu'est née la première véritable industrie québécoise de publicité. La campagne centrée autour d'Olivier Guimond (le Ti-Zoune de tantôt) et de son « Lui, y connaît ça » au milieu des années 60 a été la première à échapper au contrôle des grandes entreprises étrangères de publicité. Une leçon bien comprise. Encore récemment, le Québec était le seul endroit dans toute l'Amérique du Nord où Pepsi-Cola préférait un comique aussi génial qu'absurde, Claude Meunier, à Michael Jackson pour entreprendre sa guerre à Coca-Cola. Une guerre... qu'elle a gagnée. Bien sûr ! Et la plus importante compagnie canadienne de publicité est québécoise.

C'est sur ce terreau fertile qu'est né en 1983 le festival « Juste pour rire » avec son programme ouvert à toutes les formes de comédies (y compris le théâtre). Avec aussi son volet anglophone depuis cinq ans. Terreau fertile, parce que, à part le « génie » de son président, la première raison du succès énorme du festival, c'est le public québécois et je le dis d'autant plus aisément que je m'adresse ici surtout à des Français.

Les Québécois sont un bon public, c'est connu, peut-être même un public facile. Mais nous sommes d'abord et avant tout *un public ouvert*, ouvert à toutes les formes d'humour, du jeu intellectuel de Valérie Lemercier ou de Raymond Devos à l'humour plus iconoclaste des Monty Python en passant par toute la palette de nos humoristes à nous : l'absurde de Ding et Dong, la satire de Daniel Lemire, la mimique de Michel Courtemanche. Un public ouvert parce que l'histoire et notre situation géographique ne nous ont laissé d'autre choix que d'apprendre à rire de nous et aussi à nous ouvrir sur l'extérieur au lieu de nous replier sur nous-mêmes.

Rien de plus normal, dans ces circonstances, que s'ouvre à Montréal cette année le premier Musée international de l'humour, dédié à la caricature comme au cinéma, à la télévision comme au théâtre, à la bande dessinée comme aux monologuistes. Un musée qui n'a d'autre choix que d'être le plus drôle au monde, un lieu de création pour faire rire, bien sûr, mais aussi pour faire voyager et faire découvrir d'autres cultures, d'autres époques.

Alors, qu'est-ce qui fait rire les Montréalais ? Je dirais tout ce qui est drôle, et ce qui est drôle, c'est parfois la vie elle-même mais, plus souvent, c'est la façon de la regarder. Et les Montréalais ont plus d'une façon de la regarder. Tantôt américaine, tantôt française, ou britannique, ou tout simplement québécoise.

Gilbert Rozon

4. *Annexes*

La région de Montréal

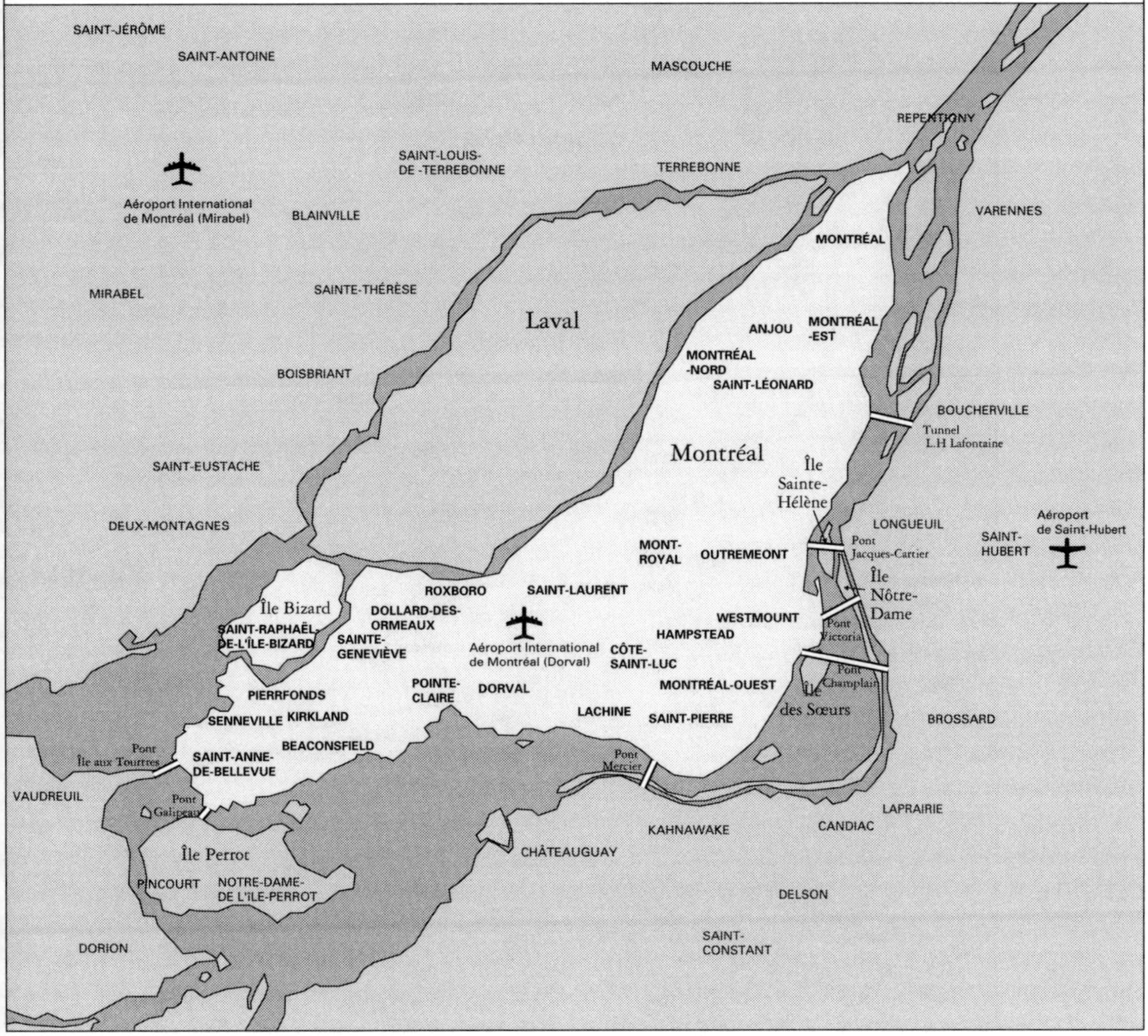

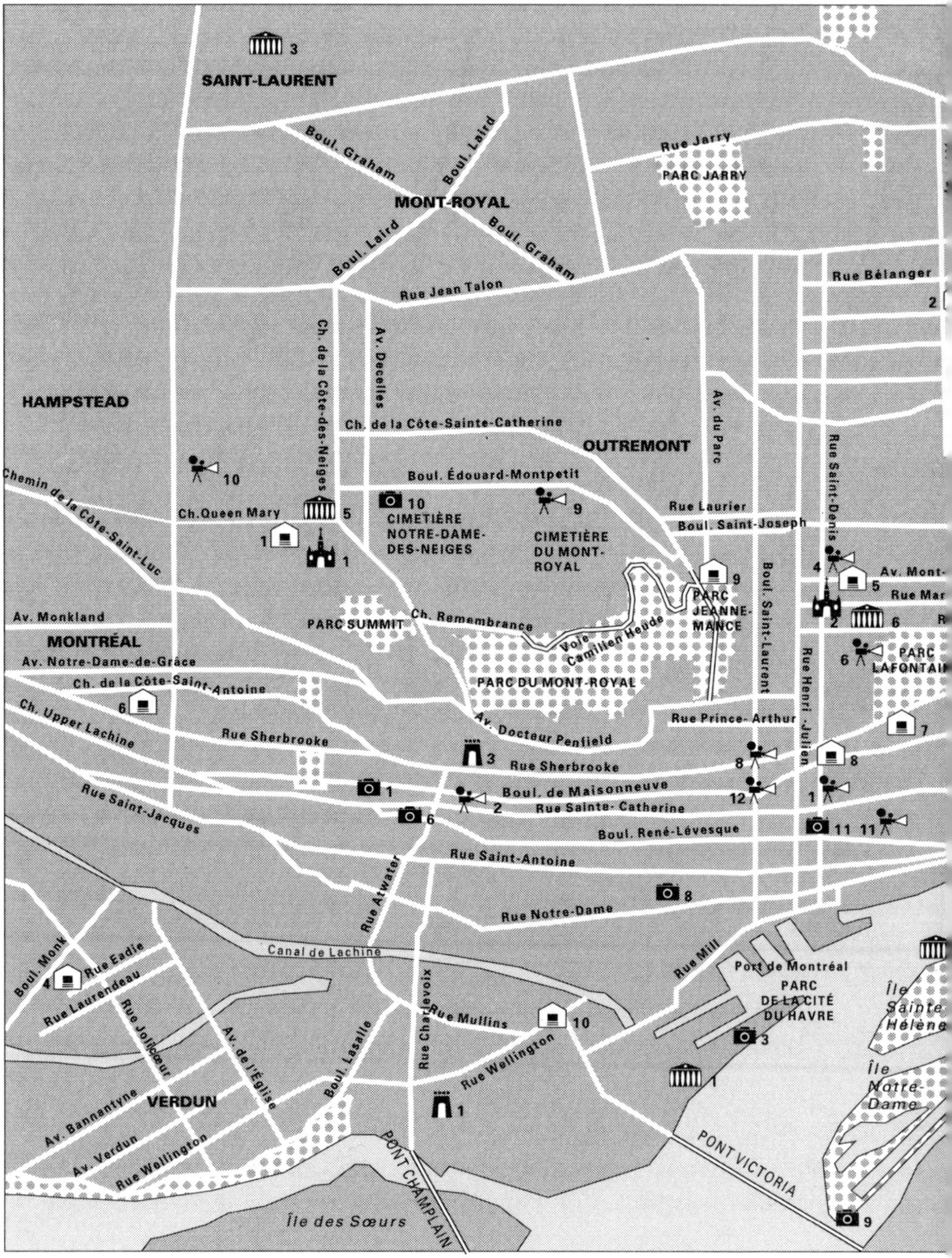
SAINT-LAURENT
Boul. Graham
Boul. Laird
Rue Jarry
PARC JARRY
MONT-ROYAL
Rue Bélanger
Rue Jean Talon
Ch. de la Côte-des-Neiges
Av. Decelles
Av. du Parc
HAMPSTEAD
Ch. de la Côte-Sainte-Catherine
OUTREMONT
Rue Saint-Denis
Boul. Édouard-Montpetit
Chemin de la Côte-Saint-Luc
Ch.Queen Mary
CIMETIÈRE NOTRE-DAME-DES-NEIGES
CIMETIÈRE DU MONT-ROYAL
Rue Laurier
Boul. Saint-Joseph
PARC JEANNE-MANCE
Boul. Saint-Laurent
Av. Monkland
PARC SUMMIT
Ch. Remembrance
MONTRÉAL
Av. Notre-Dame-de-Grâce
Voie Camilien Houde
PARC LAFONTAINE
Ch. de la Côte-Saint-Antoine
PARC DU MONT-ROYAL
Rue Henri-Julien
Ch. Upper Lachine
Av. Docteur Penfield
Rue Prince- Arthur
Rue Sherbrooke
Boul. de Maisonneuve
Rue Sainte- Catherine
Rue Saint-Jacques
Boul. René-Lévesque
Rue Saint-Antoine
Rue Atwater
Rue Notre-Dame
Canal de Lachine
Boul. Monk
Rue Eadie
Rue Mill
Port de Montréal
PARC DE LA CITÉ DU HAVRE
Rue Laurendeau
Rue Joliccur
Rue Charlevoix
Rue Mullins
Île Sainte-Hélène
Av. de l'Église
Boul. Lasalle
Rue Wellington
Île Notre-Dame
VERDUN
Av. Bannantyne
Av. Verdun
Rue Wellington
PONT CHAMPLAIN
PONT VICTORIA
Île des Sœurs

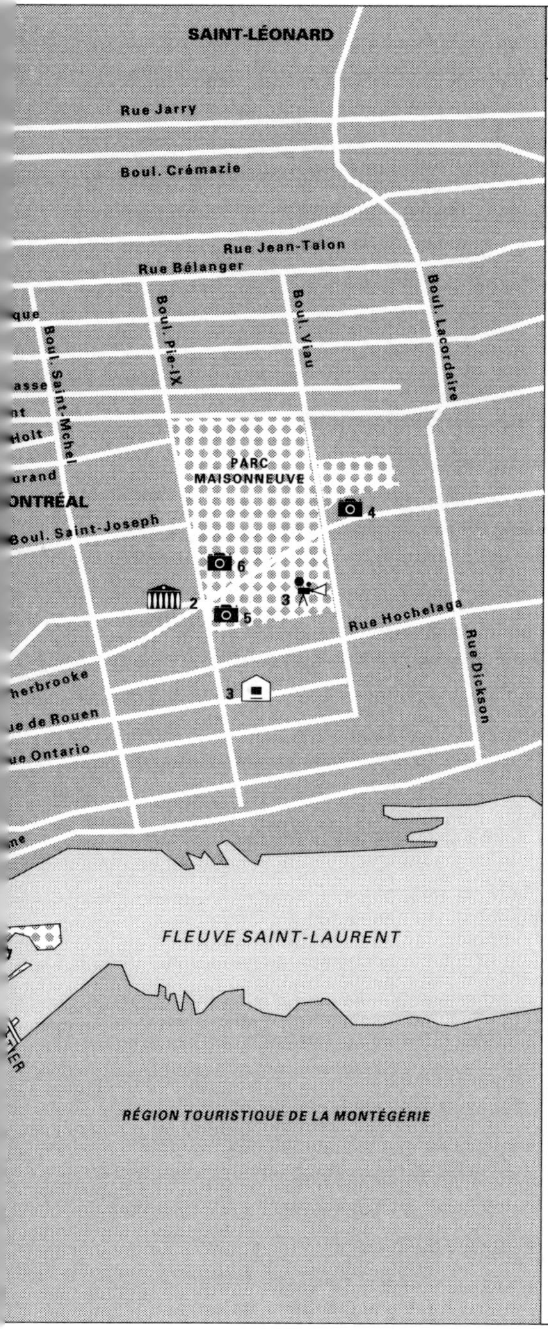

Le cœur de l'île de Montréal

Lieux et maisons historiques
1 Centre d'interprétation du Canal de Lachine
2 Vieux-Fort (Île Sainte-Hélène)
3 Tours du Fort de Belmont

Édifices et lieux d'intérêt
1 Westmount Square
2 Place Alexis-Nihon
3 Habitat '67
4 Village Olympique
5 Parc Olympique
6 Jardin botanique
7 Aquarium
8 Planétarium Dow de la Ville de Montréal
9 Voie maritime du Saint-Laurent (Écluses de Saint-Lambert)
10 Université de Montréal
11 Université du Québec à Montréal

Musées
1 Musée d'art contemporain
2 Musée des arts décoratifs
3 Musée d'art de Saint-Laurent
4 Musée David M.-Stewart
5 Musée historique canadien
6 Palais des Nains

Édifices religieux
1 Oratoire Saint-Joseph
2 Église Saint-Jean-Baptiste

Salles de spectacles, concerts et cinéma
1 Théâtre Saint-Denis
2 Forum de Montréal
3 Aréna Maurice-Richard
4 Théâtre du Rideau-Vert
5 Théâtre de la Poudrière
6 Théâtre de Verdure
7 Moulin à musique
8 Maison Théâtre (Salle Tritorium)
9 Salle Claude-Champagne
10 Centre Saidye-Bronfman
11 Salle Marie -Gérin-Lajoie
12 Cinémathèque Québécoise

Bibliothèques et maisons de la culture
1 Maison de la culture Côtes-des-Neiges
2 Maison de la culture La Petite Patrie
3 Maison de la culture Maisonneuve
4 Maison de la culture Marie-Uguay
5 Maison de la culture Plateau Mont-Royal
6 Maison de la culture Notre-Dame-de-Grâce
7 Bibliothèque centrale
8 Bibliothèque Nationale du Québec - Édifice Saint-Sulpice
9 Bibliothèque Nationale du Québec - Édifice Aegidius-Fauteux
10 Centre d'archives de Montréal

Biographie des auteurs

Jean Barbe	Rédacteur en chef de l'hebdomadaire culturel *Voir*. Auteur du roman *Les Soupers de fête* (Boréal, 1991).
Robert Boivin	Écrivain et scénariste. Responsable du développement et des relations internationales au Groupe Vélo.
François Brousseau	Éditorialiste au quotidien *Le Devoir*.
Jean-François Chassay	Professeur de littérature à l'université du Québec à Montréal. Codirecteur de la revue *Spirale*. Auteur d'un roman, *Obsèques* (Leméac, 1991). A collaboré à l'ouvrage de Monique LaRue *Promenades littéraires dans Montréal* (Québec/Amérique, 1989).
Robert Comeau	Professeur d'histoire du Québec contemporain à l'université du Québec à Montréal. Directeur de la collection « Études québécoises » chez VLB Éditeur.
Donald Cuccioletta	Chargé d'enseignement au programme d'études américaines contemporaines de l'université du Québec à Montréal.
Anne Dandurand	Écrivain. Elle fut autrefois actrice, cinéaste, syndicaliste, télé-scénariste et journaliste. Ses derniers titres sont : *Un cœur qui craque* (VLB/Messidor, 1990), *Petites Âmes sous ultimatum* (XYZ, 1991).
Albert Desbiens	Professeur d'histoire des États-Unis à l'université du Québec à Montréal. Il a collaboré au *Guide to United States History. Outside of the US* (New York, Krans, 1985).
Bernard Dionne	Historien et professeur au collège Lionel-Groulx. Auteur d'une thèse doctorale sur l'histoire du syndicalisme montréalais et coauteur (avec Robert Comeau) du livre *Le Droit de se taire* (VLB, 1989), une histoire des communistes au Québec.

Jean Doré

Maire de Montréal depuis novembre 1986. Membre fondateur du Rassemblement des citoyens et citoyennes de Montréal (R.C.M.). A été, auparavant, directeur général des Associations coopératives d'éducation familiale (A.C.E.F.), membre du service juridique de la Confédération des syndicats nationaux (C.S.N.), animateur de radio et de télévision et membre du Conseil d'administration de la commission des droits de l'homme.

Josh Freed

Chroniqueur au quotidien *The Gazette*, journaliste et réalisateur de télévision. Lauréat de nombreux prix au Canada, en France et aux États-Unis. Auteur de *Billet pour le ciel* (Libre Expression, 1982), *Sign Language* (Vehicule Press, 1991) et coauteur de *Anglo Guide to Survival in Quebec*.

Annick Germain

Professeur-chercheuse à l'Institut national de la recherche scientifique de Montréal. Auteur d'une thèse sur les mouvements de réformes urbaines à Montréal au tournant du siècle. Elle a codirigé la publication de *Aménager l'urbain. Politique et design urbain de Montréal à San Francisco* (Méridien, 1987) et assumé la direction de *L'Aménagement urbain : promesses et défis* (IQRC, 1991).

Georges-Hébert Germain

Écrivain, reporter, journaliste et chroniqueur. Lauréat de plusieurs prix pour ses articles dont le Grand Prix d'excellence de la Fondation des magazines canadiens en 1987. Ses deux derniers livres sont : *L'Ombre et la Lumière* (Libre Expression et Art Global, 1990), *Christophe Colomb. Naufrage sur les côtes du Paradis* (Québec/Amérique, 1991).

David B. Hanna

Professeur au département d'études urbaines de l'université du Québec à Montréal. Auteur de nombreux articles sur l'architecture, parmi lesquels « Paysage social de Montréal, 1901 » (in *Atlas historique du Canada*, vol. III, Presses de l'université de Montréal, 1990), « L'Abitazione e la rivolutione industriale : Montreal nella seconda metà dell'1800 » (in *Storia Urbana*, 38, 1987).

Michel Labrecque

Président du Tour de l'île de Montréal. Chroniqueur radiophonique. Coauteur (avec Jean-François Pronovost) de *Vélo mode d'emploi* (IPAQ, 1987) et (avec Robert Boivin) de *Je me débrouille à vélo* (Les Éditions de l'Homme, 1988).

Monique LaRue

Romancière et professeur de littérature au collège Édouard-Montpetit. Auteur de *Promenades littéraires dans Montréal* (Québec-Amérique, 1989 en collaboration avec

J.-F. Chassay), *Copies conformes* (Denoël/Lacombe, 1989), *Les Faux Fuyants* (Québec-Amérique, 1982), *La Cohorte fictive* (Herbes Rouges, 1982) Grand Prix du Livre de Montréal, 1990.

Daniel Latouche — Professeur de science politique à l'Institut national de la recherche scientifique de Montréal. Chroniqueur politique au quotidien *Le Devoir*. Ancien conseiller politique au Bureau du Premier ministre, M. René Lévesque. Ses deux derniers ouvrages sont : *Le Bazar. Des anciens Canadiens aux nouveaux Québécois* (Boréal, 1990). *Allaire, Bélanger, Campeau et les autres. Les Québécois s'interrogent sur leur avenir* (Québec/Amérique, 1991, en collaboration avec Alain G. Gagnon).

Jean-Claude Marsan — Doyen de la faculté d'aménagement de l'université de Montréal. Lauréat de plusieurs prix prestigieux pour ses travaux et ses activités vouées à la défense du patrimoine montréalais. Parmi ses nombreuses publications, signalons : *Montréal en évolution. Historique du développement de l'architecture et de l'environnement montréalais* (Fides, 1974), *Montréal, une esquisse du futur* (IQRC, 1983) et *Sauver Montréal, chronique d'architecture et d'urbanisme* (Boréal, 1990).

Marco Micone — Professeur au collège Vanier. Auteur dramatique. Ses dernières pièces sont : *Babel* (Vice Versa, 1989) et *Déjà l'agonie* (Hexagone, 1988) qui s'est méritée le Grand Prix de théâtre du *Journal de Montréal*. Conférencier recherché sur les questions relatives à l'intégration des communautés culturelles.

Gilbert Rozon — Président du festival « Juste pour rire »/*Just for laughs*. Producteur et diffuseur d'émissions de télévision. Gérant et producteur d'artistes.

Stephen Schecter — Écrivain et professeur de sociologie à l'université du Québec à Montréal. Son dernier ouvrage, *The AIDS Notebooks*, a paru chez S.U.N.Y. Press, Albany, New York, 1990.

Gilles Sénécal — Géographe. Poursuit des recherches postdoctorales à l'IRSAM-CNRS de l'université de Pau sur les monographies régionales au Québec de la fin du XIXe siècle. Enseignant, consultant pour le groupe Géotexte, il est codirecteur de la revue *Géographes*. Responsable de la réédition de l'œuvre de Raoul Blanchard, *Montréal : esquisse de géographie urbaine* (V.L.B. Éditeur, 1992).

Table des matières

Titres disponibles dans la même collection

EUROPE
HS.38 Andalousie
Barcelone Création
HS.01 Berlin
HS.57 Berlin Capitale
HS.34 Budapest
HS.44 Campagne anglaise
HS.33 Écosse
HS.51 Europe centrale
HS.39 Grèce
HS.23 Irlande
HS.29 Istanbul
HS.30 Lisbonne
HS.06 Londres
Londres Création
HS.24 Madrid
HS.36 Marseille
HS.40 Moscou
HS.19 Munich
Paris Arts on Seine
Paris Création
Paris en Marche
HS.50 Pays baltes
HS.47 Pologne
HS.46 Prague
HS.F2 Riviera
HS.32 Rome
HS.25 Des Villes en Suisse
HS.31 Toscane
HS.14 Venise
HS.53 Vienne

AMÉRIQUES
HS.49 Amazonie
HS.58-59 America
HS.41 Antilles
N.44 Brésil
HS.22 Buenos Aires
N.31 Californie
HS.35 Cuba
HS.56 Mayas
HS.18 Mexico
N.39 New York
New York Création
HS.61 New York contre N. Y.
HS.42 Rio de Janeiro
HS.54 Terre indienne
HS.20 Texas

ASIE / PROCHE-ORIENT
HS.52 Bornéo
HS.55 Cités disparues
HS.28 Himalayas
HS.03 Hong Kong
HS.13 Inde
HS.04 Jérusalem
HS.17 Pékin
HS.26 Shanghaï
HS.27 Téhéran
HS.08 Tokyo
HS.43 Thaïlande
HS.16 Transsibéries

AFRIQUE
HS.45 Afrique australe
HS.15 Afrique du Sud
N.38 Algérie
HS.60 Algérie, 30 ans
HS.09 Capitales de la couleur
HS.21 Corne de l'Afrique
HS.05 Désert
HS.12 Le Caire
HS.48 Maroc
HS.11 Marrakech

OCÉANIE / PACIFIQUE
HS.07 Australie
HS.37 Australie Noire : les Aborigènes

Éditions Autrement

Directeur-rédacteur en chef : Henry Dougier. *Rédaction :* Béatrice Ajchenbaum-Boffety. Jean-Claude Béhar. Nicole Czechowski. Chantal Dahan. Richard Figuier. *Fabrication/Secrétariat de rédaction :* Bernadette Mercier, *assistée de* Hélène Dupont. *Maquette :* Patricia Chapuis. *Service financier :* Éric Moulette. *Gestion et administration :* Anne Allasseur. Agnès André. Hassina Mérabet. Christian Da Silva. *Service commercial :* Jean-François Platet. *Attachée de presse :* Magalie Cornetto.

Abonnements au 1er janvier 1992 : la collection « Monde », complémentaire des Séries « Mutations », « Morales », « Mémoires » et « Sciences en société » est vendue à l'unité (98 F par ouvrage) ou par abonnement (France : 550 F ; Étranger : 650 F) de 7 titres par an. L'abonnement peut être souscrit auprès de votre libraire, ou directement à Autrement, Service abonnements, 4, rue d'Enghien, 75010 Paris. Établir votre paiement (chèque bancaire ou postal, mandat-lettre) à l'ordre de NEXSO (CCP Paris 1-198-50-C). Le montant de l'abonnement doit être joint à la commande. Veuillez prévoir un délai d'un mois pour l'installation de votre abonnement, plus le délai d'acheminement normal. Pour tout changement d'adresse, veuillez nous prévenir avant le 15 du mois et nous joindre votre dernière étiquette d'envoi. Un nouvel abonnement débute avec le numéro du mois en cours.
Vente en librairie exclusivement. Diffusion : Éditions du Seuil.

Directeur de la publication : Henry Dougier, Revue publiée par Autrement
Comm. par. 55778. Corlet, Imp. S.A., 14110 Condé-sur-Noireau. N° 3767.
Dépôt légal : avril 1992. ISSN : 0336-5816. ISBN : 2-86260-366-X. *Imprimé en France*